聪明宝宝养育全知道

Congming Baobao Yangyu Quanzhidao

岳然/编著

中国人口出版社
China Population Publishing House
全国百佳出版单位

Part 1 1个月宝宝

身体发育标准

1个月宝宝的喂养

1个月宝宝的护理

1个月宝宝的早教

写给妈妈的贴心话

Part2 2个月宝宝

身体发育标准

2个月宝宝的喂养

2个月宝宝的护理

2个月宝宝的早教

写给妈妈的贴心话

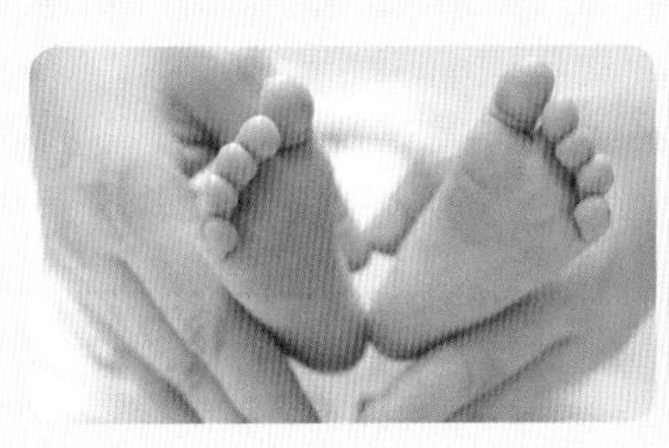
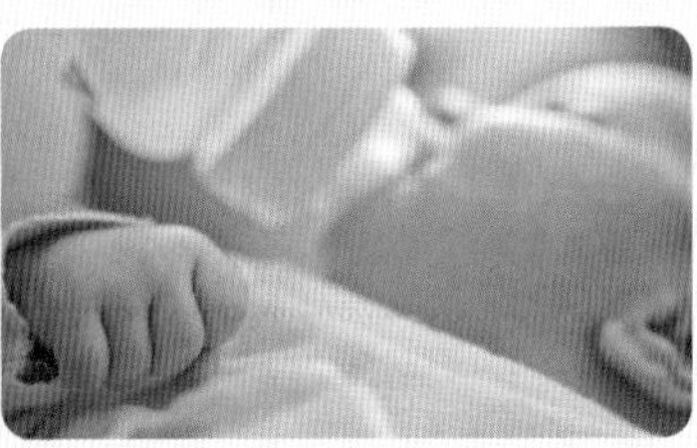
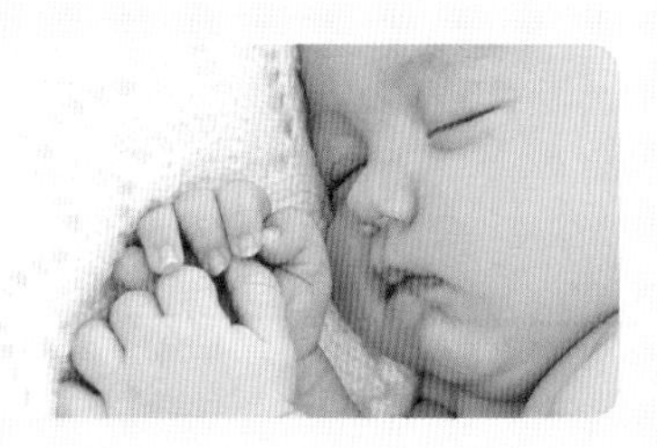

Part3 3个月宝宝

身体发育标准

3个月宝宝的喂养

3个月宝宝的护理

3个月宝宝的早教

写给妈妈的贴心话

身体发育标准

4个月宝宝的喂养

目录
CONTENTS

5个月宝宝的早教

写给妈妈的贴心话

Part 6 6个月宝宝

身体发育标准

6个月宝宝的喂养

6个月宝宝的护理

Part 7 7个月宝宝

Part 8 8个月宝宝

目录
CONTENTS

Part 11 11个月宝宝

身体发育标准

11个月宝宝的喂养

11个月宝宝的护理

11个月宝宝的早教

写给妈妈的贴心话

Part 12 12个月宝宝

身体发育标准

12个月宝宝的喂养

12个月宝宝的护理

12个月宝宝的早教

写给妈妈的贴心话

Part 13 13～15个月宝宝

Part 14 16～18个月宝宝

16~18个月宝宝的护理

16~18个月宝宝的早教

写给妈妈的贴心话

Part 15 19～21个月宝宝

身体发育标准

19~21个月宝宝的喂养

19~21个月宝宝的护理

19~21个月宝宝的早教

写给妈妈的贴心话

Part 16 22～24个月宝宝

Part 17 2岁～2岁半宝宝

2岁~2岁半宝宝的护理

2岁~2岁半宝宝的早教

写给妈妈的贴心话

Part 18 2岁半～3岁宝宝

身体发育标准

2岁半~3岁宝宝的喂养

2岁半~3岁宝宝的护理

2岁半~3岁宝宝的早教

写给妈妈的贴心话

Part 1 1个月宝宝

足月出生的宝宝如果体重超过 2.5 千克，就可以认为渡过了人生的第一关。若宝宝出生时体重不足 2.5 千克，称为“未成熟儿”，必须采取特殊护理措施。

不过，在宝宝出生后 1 周左右，可能会出现体重略微下降的情况，这是因为宝宝出生后的这几天睡眠时间长，吃的少，同时排掉了胎便，体重自然就减轻了。这些减掉的体重一般在出生后 7 ~ 10 天就长回来了，不用担心。

如果宝宝出生一周后体重还不增长，或者增长低于平均值，有可能是妈妈喂奶不足，建议调整宝宝的喂奶量。

身体发育标准

身高·体重·头围·胸围

		女宝宝	男宝宝
出生时	身高	46.4~52.8厘米，平均49.6厘米	46.8~53.6厘米，平均50.2厘米
	体重	2.4~3.8千克，平均3.1千克	2.5~4.0千克，平均3.2千克
	头围	30.9~36.1厘米，平均33.5厘米	31.8~36.3厘米，平均34.0厘米
	胸围	29.4~35.0厘米，平均32.2厘米	29.3~35.3厘米，平均32.3厘米
满月时	身高	51.7~60.5厘米，平均56.1厘米	52.3~61.5厘米，平均56.9厘米
	体重	3.6~5.9千克，平均4.8千克	3.8~6.4千克，平均5.1千克
	头围	35.0~39.8厘米，平均37.4厘米	35.5~40.7厘米，平均38.1厘米
	胸围	32.9~40.1厘米，平均36.5厘米	33.7~40.9厘米，平均37.3厘米

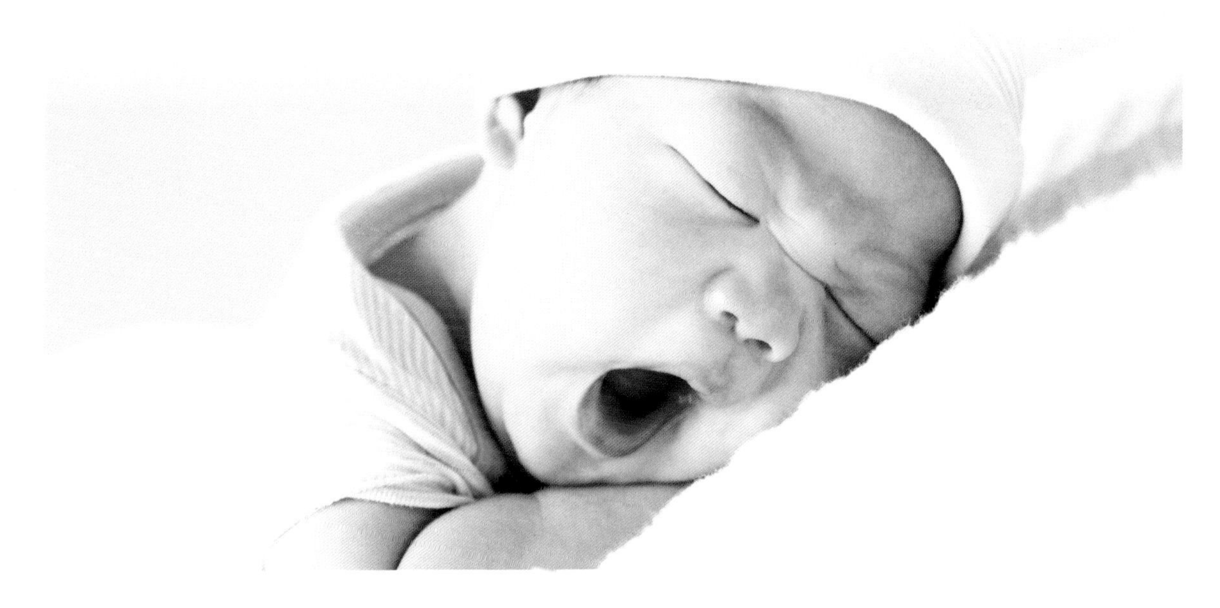

1个月宝宝的喂养

产后30分钟以内给宝宝哺乳

一般宝宝出生10~15分钟后就会自发地吸吮乳头，所以新妈妈在产后30分钟内要给宝宝开奶，最晚也不要超过6个小时。不过，有些妈妈不会一生产立即就有奶，而是在宝宝出生后1~2周后才会真正下奶。但不管妈妈有没有出奶，都必须让他多吸吮、多刺激妈妈的乳房，使之产生“泌乳反射”，才能使妈妈尽快下奶，直至足够宝宝享用。

早开奶对母婴的好处：

早吸吮，进行早期母子皮肤接触，有利于新生儿智力发育。

早吸吮，可防止新生儿低血糖，降低脑缺氧发生率。

早吸吮，可促进母体催乳素增加20倍以上，使妈妈的乳汁分泌更充足。

早吸吮，可帮助妈妈子宫回复，加快子宫收缩，对防止产后出血有一定的帮助。

为什么要让宝宝吮吸初乳

“初乳”一般是指母亲生产后2~3天或稍晚一些（5~7天内）所分泌的乳汁。初乳成分浓稠，量较少，呈淡黄色。

初乳除了含有一般母乳的营养成分外，更含有抵抗多种疾病的抗体、免疫球蛋白、乳铁蛋白、溶菌酶和其他免疫活性物质。这些免疫球蛋白对提高新生儿的抵抗力、促进新生儿健康发育，有着非常重要的作用。同时，还有助于胎便的排出，防止新生儿发生严重的下痢。

所以，妈妈一定要珍惜初乳，在产后头几天让宝宝多吮吸。

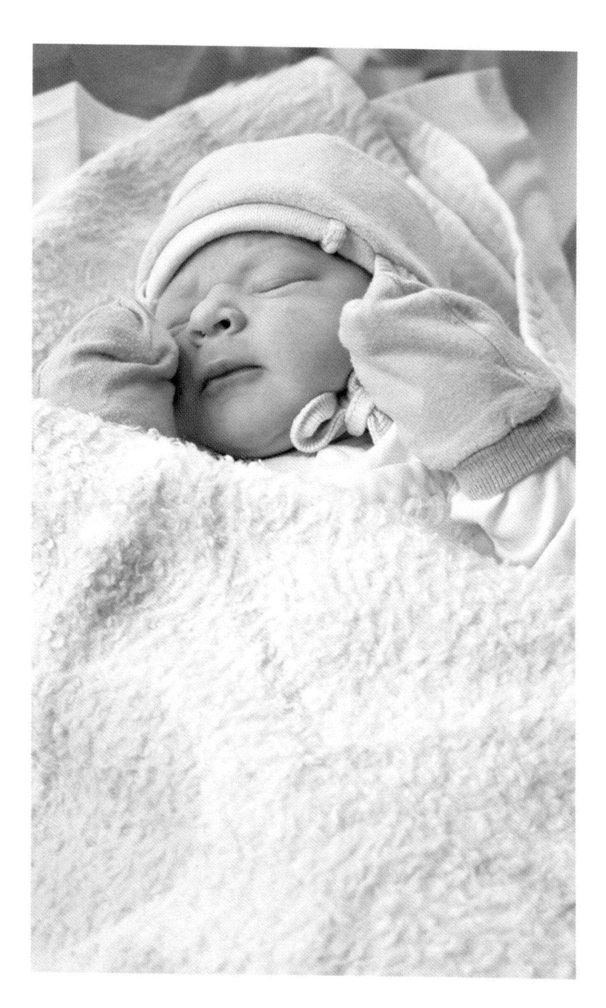

开奶前能不能给宝宝喂代乳品

妈妈最好不要在开奶前给宝宝喂奶粉，因为首先新生宝宝容易对牛奶产生过敏，其次宝宝吃习惯奶粉后会不爱吃妈妈的奶，妈妈就只能放弃母乳喂养，这对宝宝的成长不利。其实，新生儿出生前，体内已储存了足够的营养和水分，可以维持到妈妈开奶，而且只要尽早给新生儿哺乳，少量的初乳就能满足刚出生的正常新生儿的需求。

宝宝出生前三天可以让宝宝多吮吸，多刺激妈妈的乳头，直到乳汁分泌充盈。不过，如果妈妈超过3天仍然没有下奶，就不能盲目地坚持不给宝宝喂奶粉了。如果担心给宝宝喂奶粉后可能引起宝宝乳头错觉，以后不吸母乳，这里教妈妈们一个比较好的方法：把奶粉放在小杯子里面冲开，再放一根细的软管，一头放在杯子里，一头在宝宝吮吸乳头的时候从宝宝嘴角塞到他嘴巴里，这样，他一边吮吸乳头一边可以吃到奶粉。这是个“善意的欺骗”，宝宝不知道吃的是奶粉，以后就不容易产生乳头错觉。

要记住一定要让宝宝充分吸吮乳房，下奶后逐步减少奶粉，实现纯母乳喂养。

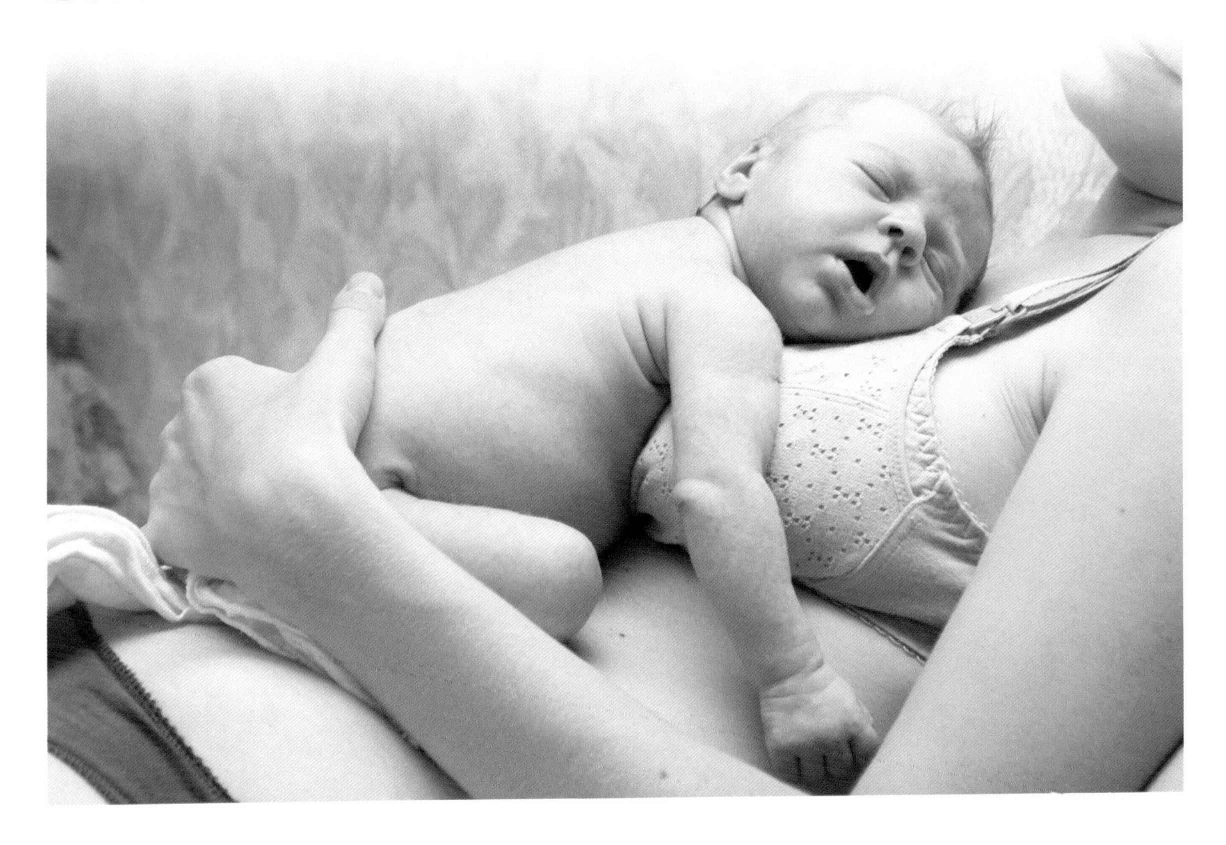

给宝宝喂奶的时间和量

从理论上讲，母乳喂养是按需哺乳，没有严格的时间限制。但从生理角度看，新生儿的胃每3小时左右会排空一次。因此，给新生宝宝的喂奶间隔应控制在3小时以内。

以下是母乳喂养的参考喂奶时间：

1~7天	按需哺乳。每隔1~2小时喂奶一次，每次喂10~15分钟。
8~14天	每3小时喂奶一次，每次喂15~20分钟。
15~28天	每隔2~3小时喂奶一次，每次喂15~20分钟。

以上时间安排只是原则性的，宝宝吃奶的量次不是一成不变的，今天也许多些，明天也许少些；不同的宝宝每次吃奶的量也可能有所差异。只要没有其他异常，妈妈就不要着急。即使是刚刚出生的宝宝，也知道饱饿，什么时候该吃奶，宝宝会用自己的方式告诉妈妈。所以，如果到了喂奶时间，宝宝不吃，那就过一会儿再喂；如果还没到喂奶时间，宝宝就哭闹，喂奶就不哭了，就不要等时间。

贴心小贴士

如果宝宝晚上睡得很香，就不要轻易叫醒他，等他饿了自然会醒来吃奶。睡觉时宝宝对热量的需求量相对少一些。当然，如果宝宝晚上超过3个小时还没醒来，妈妈担心宝宝饿的话，可将乳头放到宝宝嘴里，宝宝会自然吮吸起来，再慢慢将宝宝唤醒比较好。或妈妈可以给宝宝换尿布，触摸宝宝的四肢、手心和脚心，轻揉其耳垂，将宝宝唤醒。

如果上述方法无效，妈妈可以用一只手托住宝宝的头和颈部，另一只手托住宝宝的腰部和臀部，将宝宝水平抱起，放在胸前，轻轻地晃动数次，宝宝便会睁开双眼。宝宝清醒后，妈妈就可以给宝宝哺乳了。

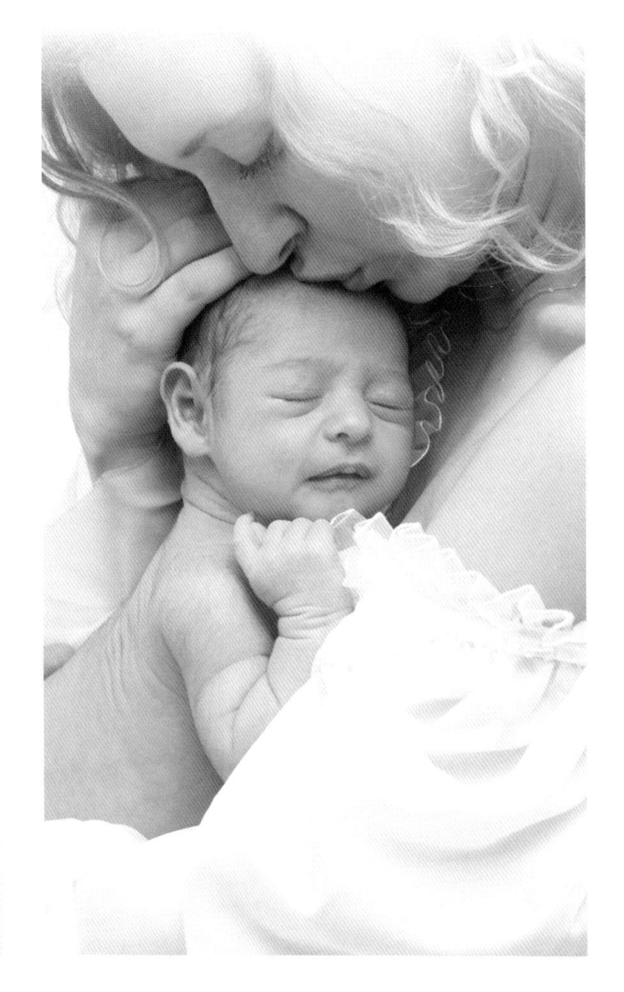

怎样判断宝宝有没有吃饱

妈妈可以根据下列信号来判断宝宝是否已经吃饱：

·喂奶前乳房丰满，喂奶后乳房较柔软。

·喂奶时可听见吞咽声（连续几次到十几次）。

·妈妈有下乳的感觉。

·尿布24小时湿6次或6次以上。

·宝宝大便软，呈金黄色、糊状，每天2~4次。

·在两次喂奶之间，宝宝很满足、安静。

·宝宝体重平均每天增长18~30克或每周增加125~210克。

如果经过上面表现的观察，妈妈仍不确定宝宝是否吃饱，可以每次在宝宝吃完奶后，用手指点宝宝的下巴，如果他很快将手指含住吸吮则说明没吃饱，应稍加奶量。

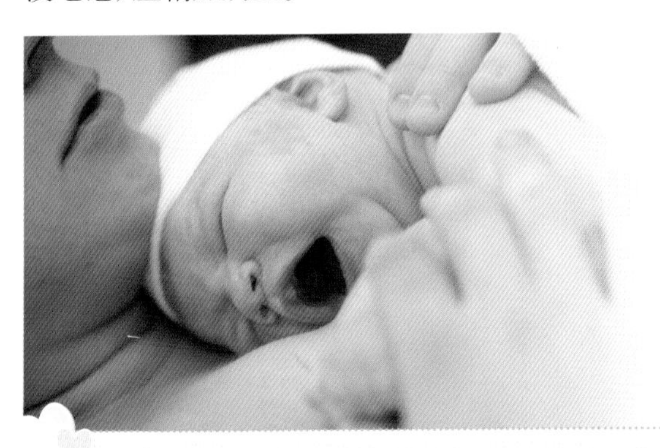

贴心小贴士

一般来说，宝宝在开始喂奶5分钟后即可吸到一侧总奶量的80%~90%，8~10分钟吸空一侧乳房，这时应换吸另一侧乳房。让两个乳房每次喂奶时先后交替，这样可刺激产生更多的奶水。

妈妈乳头皲裂如何喂养宝宝

乳头皲裂常在哺乳的第1周发生，初产妇多于经产妇。那是因为妈妈初次哺乳难以瞬间适应，加上内分泌失衡，容易出现乳头皲裂症状，甚至会引发局部疼痛。乳头皲裂后，当宝宝吮吸时，会觉得乳头发生锐痛，揩它会流血、流脓水，并结黄痂。

乳头皲裂时该怎样喂奶

每次喂奶前用温热毛巾敷乳房和乳头3~5分钟，同地按摩乳房以刺激泌乳。先挤出少量乳汁使乳晕变软再开始哺乳。

每次喂奶前后，都要用温开水洗净乳头、乳晕，保持干燥清洁，防止再发生裂口。

哺乳时应先从疼痛较轻的一侧乳房开始，以减轻对另一侧乳房的吸吮力，并让乳头和一部分乳晕含吮在宝宝口内，以防乳头皮肤皲裂加剧。

如果只是较轻的小裂口，可以涂些小儿鱼肝油，喂奶时注意先将药物洗净；也可外涂一些红枣香油蜂蜜膏，即取1份香油、1份蜂蜜，再把红枣洗净去核，加适量水煮1个小时，过滤去渣留汁，将枣汁熬浓后放入香油、蜂蜜以微火熬煮一会儿，除去泡沫后冷却成膏，每次喂奶后涂于裂口处，效果很好。

勤哺乳，以利于乳汁排空，乳晕变软，利于宝宝吸吮。

哺乳后穿戴宽松内衣和胸罩，并放正乳头罩，有利于空气流通和皮损的愈合。

如果乳头疼痛剧烈或乳房肿胀，宝宝不能很好地吸吮乳头，可暂时停止哺乳24小时，但应将乳汁挤出，用小杯或小匙喂宝宝。

妈妈患乳腺炎能否给宝宝哺乳

如果一侧乳房患有乳腺炎，用另一侧的健康乳房给宝宝喂奶即可；如果两侧乳房均患有乳腺炎，则建议先暂停哺喂母乳。医生开的抗生素药剂并不会影响母乳的成分或通过母乳影响宝宝的健康，但是因为乳头或乳晕上已有伤口，若再加上吸吮的刺激，可能会让妈妈感到很不舒服。加上妈妈也有担心宝宝若碰触到伤口，细菌可能会跑入宝宝体内的顾虑，因此，多半会建议妈妈患有乳腺炎的该侧乳房先暂停哺喂。

此外，患有乳腺炎的乳房更要将奶水排空，避免奶水又继续囤积在乳房内。若妈妈实在无法自行处理，可以找原接生医生或家人帮忙将奶水挤出。同时，妈妈要注意卧床休息，多饮水，加强营养。乳房用乳罩托起。

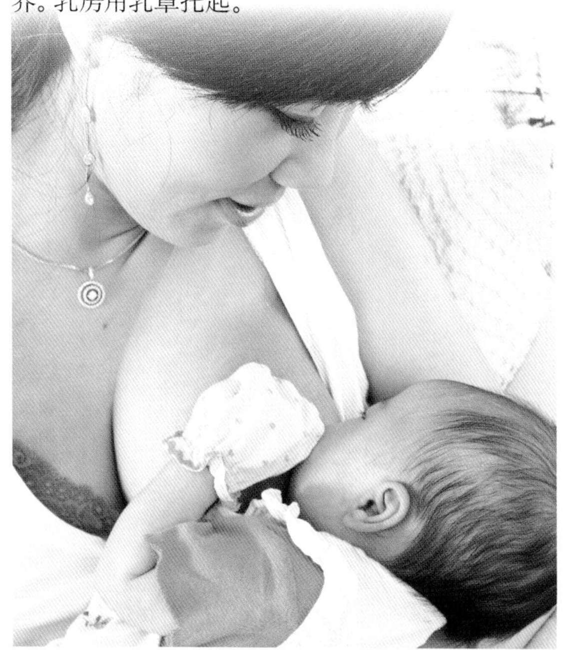

什么情况下不能采取母乳喂养

如果出现以下情况，妈妈就应该暂时或完全停止母乳喂养：

患传染病（如肝炎、肺病）时不能采取母乳喂养，以防将疾病传染给宝宝。

服药期间不能采取母乳喂养，待病愈停药后再喂。

患有消耗性疾病，如患心脏病、肾病、糖尿病的妈妈，可根据医生的诊断决定是否可授乳。一般情况下，患有上述疾病但能够分娩的妈妈，就可以哺乳，但要注意营养和休息。

患有严重乳头皲裂和乳腺炎的妈妈，应暂停哺乳，及时治疗，以免加重病情。

进行放射性碘治疗的妈妈，应该暂时停止哺乳，待疗程结束后，检验乳汁中放射性物质的水平，达到正常后可以继续喂奶。

宝宝如有代谢性病症，如半乳糖血症（症状：喂奶后出现严重呕吐、腹泻、黄疸、肝脾大等）不宜母乳喂养。明确诊断后确定为先天性半乳糖症缺陷，应立即停止母乳及奶制品喂养，应给予特殊不含乳糖的代乳品喂养。

患严重唇腭裂致使吮吸困难的宝宝不宜母乳喂养。

贴心小贴士

如果妈妈只是暂时不能采取母乳喂养，应注意每天按喂哺时间把奶挤出，保证每天泌乳在3次以上，否则长时间不喂奶、不挤奶，妈妈的乳汁会变得越来越少，直至完全消失，无法再进行母乳喂养。挤出的母乳不能喂给宝宝喝的可直接倒掉。

怎么给宝宝补充鱼肝油

专家建议宝宝从出生2周开始添加鱼肝油，但是要在规定的剂量范围内服用。

另外，早产儿、双胎儿、人工喂养儿、冬季出生的宝宝，更容易缺乏维生素D。所以，对于这类宝宝，要特别注意尽早添加鱼肝油。

贴心小贴士

宝宝每日需要维生素A1000～1500国际单位，而维生素D需要量为400国际单位。市面上浓鱼肝油制剂很多，父母和医生都要看详细说明书，选择适合宝宝的鱼肝油产品。

注意，服用鱼肝油过程中，要观察宝宝的大便，发现有消化不良现象时应适当减少用量，待宝宝适应、大便正常后再逐渐增加。

怎么给宝宝进行人工喂养

由于种种原因，很多妈妈不得不放弃母乳喂养宝宝，改为人工喂养。这时妈妈不必过于内疚，只要科学喂养，宝宝也可以健康成长。

奶具要彻底消毒

许多妈妈不明白为什么喝奶粉的宝宝爱闹肚子，其中，奶具消毒是关键。宝宝用的奶瓶、奶嘴必须每天消毒，先应分别洗净残留在上面的奶渍，之后高温蒸煮10分钟左右即可。配奶前必须先洗手，即便洗过手，在配奶过程中也要注意不要用手接触奶瓶内部和奶嘴，以免污染。奶具消毒至少应坚持到宝宝满1周岁。

人工喂养的正确姿势

喂养时，一定要让宝宝保持一个好体位，采用斜抱位、半卧位或坐位都可以，千万不可图省事而将宝宝平放于床上喂养，以免喂出中耳炎。因为宝宝肠胃发育不完善，加上进食难免吞进一些空气，故在喂养过程中或喂食后不久，常常会反胃，致使食道或胃里的食物返流入咽喉部、口腔或鼻腔中。宝宝的咽鼓管比成人的要平、短、直、粗一些，这些被污染的返流物很容易通过这条管道侵入耳内，引起耳内黏膜发炎，出现发烧、耳痛、听力下降、耳道流脓等症状。

适量补充水

常常会有吃奶粉的宝宝出现便秘的情况，老人会说这是吃奶粉的宝宝“火”大，得多喂水，这是有道理的。母乳中水分充足，因此母乳喂养的宝宝在6个月以前一般不需要喂水，而人工喂养的宝宝则必须在两顿奶之间补充适量的水。一方面，有利于宝宝对高脂蛋白的消化吸收；另一方面，利于保持宝宝大便的通畅，防止消化功能紊乱。

怎么给宝宝进行混合喂养

一般混合喂养有两种方法：一种是补授法，一种是代授法。补授法是指先母乳，等母乳喝完后，再给宝宝喂些配方奶。代授法是指妈妈根据乳汁的分泌情况，每天用母乳喂3次，其余3次或4次用人工营养品来喂宝宝。

混合喂养时，如果想长期用母乳来喂养，最好采取补授法。因为每天用母乳喂，不足部分用人工营养品补充的方法可相对保证母乳的长期分泌。如果妈妈因为母乳不足，就减少喂母乳的次数，会使母乳量越来越少。

而如果宝宝消化系统不是很好，最好要取代授法，因为一顿既吃母乳又吃奶粉或牛奶，不利于宝宝消化。如果宝宝一次吃母乳没吃饱，妈妈不要马上给宝宝喂奶粉，可以将下一次喂奶时间提前。另外，每次冲奶粉时，量不要太多，尽量不让宝宝吃搁置时间过长的奶粉。

贴心小贴士

有些妈妈觉得把母乳吸出来和配方奶混在一起喂宝宝非常方便，其实这种方法并不好。首先，宝宝的吸吮比人工挤奶更能促进母亲乳汁的分泌；其次，如果冲调配方奶的水温较高，会破坏母乳中含有的免疫物质；最后，这样做不容易掌握需要补充的配方奶的量。

1个月宝宝的护理

怎样给新生儿清理鼻腔

新生儿鼻内分泌物要及时清理，以免结痂。

清理鼻腔的简单有效的方法是：把消毒纱布一角，按顺时针方向捻成布捻，轻轻放入新生儿鼻腔内，再逆时针方向边捻边向外拉，就可以把鼻内分泌物带出，重复几次，不会损伤鼻黏膜。或者妈妈可以在宝宝鼻孔内滴入少量凉开水或一些消炎的滴鼻液或眼药水，待污垢软化后再用手指轻轻捏一捏宝宝的鼻孔外面，鼻屎有可能会脱落，或诱发宝宝打喷嚏而将其清除。吸鼻器也可以清理鼻内分泌物，但分泌物较少时，没有必要使用吸鼻器。

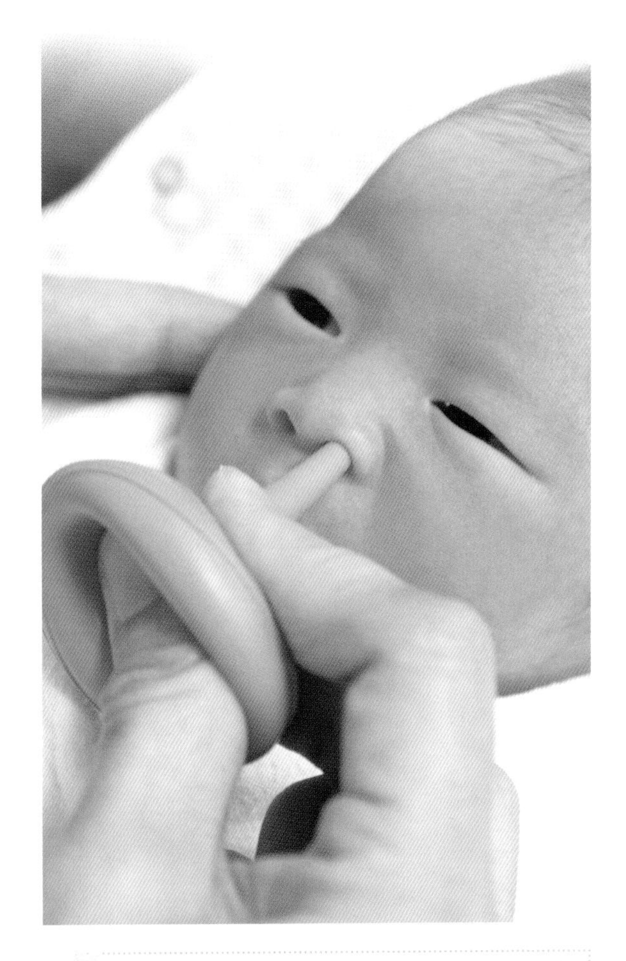

宝宝的囟门需不需要清洗

宝宝囟门若长时间不清洗，会堆积污垢，这很容易引起宝宝头皮感染，继而病原菌穿透没有骨结构的囟门而发生脑膜炎、脑炎，所以囟门的日常清洁护理非常重要。

清洗囟门的方法

清洗时手指应平置在囟门处轻轻揉洗，不应强力按压或强力搔抓，更不能以硬物在囟门处刮划。

如果囟门处有污垢不易洗掉，可以先用麻油或精制油蒸熟后润湿浸透2~3小时，待这些污垢变软后再用无菌棉球按照头发的生长方向擦掉，并在洗净后扑以婴儿粉。

囟门的清洗可在洗澡时进行，可用宝宝专用洗发液而不宜用强碱肥皂，以免刺激头皮诱发湿疹或加重湿疹。

贴心小贴士

正常的囟门表面与头颅表面深浅是一致的，或稍有一些凹陷。如果囟门过度凹陷，可能由于进食不足或长期呕吐、腹泻所造成的脱水引起的，最好去医院检查一下。

新生儿脐带的护理方法

准备棉签、浓度为75%的医用酒精、医用纱布、胶带。

将双手洗净，一只手轻轻提起脐带的结扎线，另一只手用酒精棉签仔细在脐窝和脐带根部细细擦拭，使脐带不再与脐窝粘连。再用新的酒精棉签从脐窝中心向外转圈擦拭消毒。

消毒完毕后把提过的结扎线也用酒精消消毒。

脐带脱落后，仍要继续护理肚脐，每次先消毒肚脐中央，再消毒肚脐外围。直到确定脐带基部完全干燥才算完成。

如果脐带根部发红，或脐带脱落后伤口不愈合，脐窝湿润、流水、有脓性分泌物等现象，要立即将宝宝送往医院治疗。

妈妈还要注意，干瘪而未脱落的脐带很可能会让幼嫩的宝宝有磨痛感，因此妈妈在给宝宝穿衣、喂奶时注意不要碰到它。如果这个时期的宝宝突然大哭，又找不到其他原因，那可能就是脐带磨疼他了。

贴心小贴士

脐带脱落之前，不能让宝宝泡在浴盆里洗澡。可以先洗上半身，擦干后再洗下半身。

妈妈一定要注意保证脐带和脐窝的干燥，因为即将脱落的脐带是一种坏死组织，很容易感染上细菌。所以，脐带一旦被水或被尿液浸湿，要马上用干棉球或干净柔软的纱布擦干，然后用酒精棉签消毒。

给新生儿洗澡的方法

妈妈可以每天上午9点到10点，吃奶前一个小时到一个半小时，觉醒状态给宝宝洗澡。不要给吃奶后或睡眠中的宝宝洗澡。

准备用具：浴盆、浴巾、擦脸毛巾、擦屁股毛巾、婴儿香皂。

环境：不能有对流风，要关上门窗；在有太阳的地方洗最好，光线要好，不要在暗处。如果全裸洗，室温要达到24℃以上；分部裸洗，室温要在20℃以上。

洗澡的方法

首先放洗澡水，给新生宝宝洗澡的水的水温应保持在38～40℃，你可以拿温度计测一下或用手肘测试一下水温，略微感觉到温热，就差不多了。

然后脱掉宝宝的衣服（洗头时不要全部脱掉，以免着凉），在入水之前，先用温水将方巾蘸湿，轻轻地拍打一下宝宝的胸口、腹部，让宝宝对水有个初步的感觉，这样就不至于因突然入水而感到不适应。

再将宝宝放在浴盆中，下面垫一块柔软的浴巾或海绵，用手掌支起颈部，手指托住头后部，让头高出水面，再由上而下轻轻擦洗身体的每个部位。如皮肤皱褶处有胎脂，应细心地轻擦。若不易去除，可涂橄榄油或宝宝专用按摩油后轻轻擦去。

新生儿尿布的选择和使用

白天宝宝不睡觉时，可以使用棉布尿布，一旦尿湿了就及时更换，小宝宝的皮肤娇嫩、敏感，棉布尿布非常吸水、透气，而且无刺激，既保护了宝宝娇嫩的皮肤，又省钱。晚上可以使用纸尿裤，纸尿裤持续时间长，在宝宝睡觉时，不会打扰他的睡眠，而且不容易浸透和漏出大小便，能保证宝宝充足的睡眠。

尿布的使用方法

给宝宝使用棉布尿布时要注意不要把尿布放在腹部，更不要把低于宝宝腹部温度的尿布放在腹部。新生儿一天更换十几次尿布，如果每次都把尿布放在宝宝的腹部，那么宝宝每天要暖十几块尿布，腹部受凉的程度可想而知。所以，不要把尿布兜到腹部。要么可以先将尿布放在暖气上焐热，或用手搓暖和后再给宝宝换上。

男婴排尿向上，放置尿布时要在上面多加一层，重点在上；女婴排尿向下，放置尿布时要在下面多加一层，重点在下。这样可预防男婴阴囊湿疹、女婴臀红。尿布不要覆盖肚脐。尿布的后方要到宝宝的腰部，前方位于肚脐下两三厘米处，如此可以减少过多肌肤沾染尿便的机会，也可保持肚脐清洁。尿布不要包得太紧，以容得下两三根手指的宽度为宜，这样可以使宝宝的大腿活动自如。但也不要太松，以免尿布容易掉。

贴心小贴士

喂奶前或醒后给宝宝更换尿布最好。喂奶后或睡眠时，即使尿了，也不要更换尿布，以免造成溢乳或影响宝宝建立正常睡眠周期。在尿布上叠放一小块尿布，排大便后就弃掉。仅有尿渍的尿布，清洗后在阳光下曝晒，便可继续使用。

新生儿一天应该睡多长时间

一般来说，早期新生儿睡眠时间相对较长一些，几乎除了吃奶，就是睡觉，不分白天和黑夜，每天可达20小时以上。随着日龄增加，宝宝睡眠时间缩短了，一般是在上午八九点钟，沐浴后，喂完奶，有一段比较长的觉醒时间。

虽然新生儿睡的时间比较长，如果妈妈让他一直睡，他一天可以睡20个小时以上，可是，妈妈不要一味地让宝宝睡觉。白天，宝宝觉醒时，妈妈可以给宝宝做做体操，和宝宝说说话，要竖着把宝宝抱起来，让他看看周围。这样既可以开发宝宝的各项能力，又延长了宝宝觉醒的时间，对宝宝形成良好的睡眠习惯有极大的帮助。

晚上，如果宝宝不睡觉、哭闹，就把宝宝的小手放在他的腹部，妈妈双手按在宝宝的手上轻轻摇一摇，不开灯，也不和宝宝说话。如果还哭，就要寻找哭的原因，是否尿了、拉了、饿了、病了、环境不舒服等，如果没有原因，就尽量冷处理。

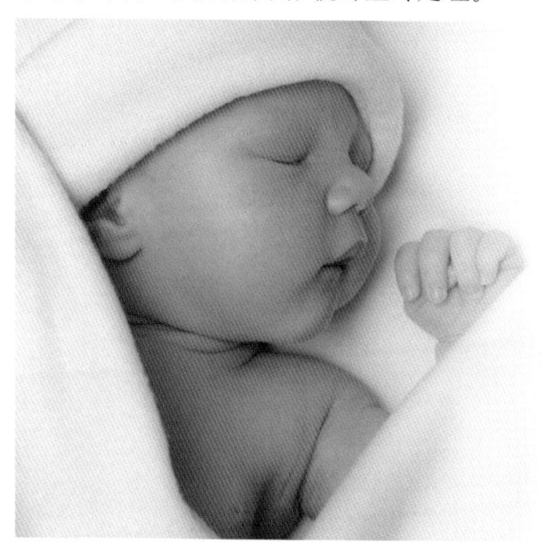

要帮新生儿更换睡姿

刚出生的宝宝，头颅骨尚未完全骨化，各个骨片之间仍有成长空隙，直到15个月左右时囟门闭合前，宝宝头部都有相当的可塑性。所以新妈妈要注意不能让宝宝只习惯某一种睡姿，否则宝宝容易睡偏头。

妈妈应该每2～3个小时给宝宝更换一次睡眠姿势。一般认为，平卧和侧卧是宝宝最好的“睡姿”选择，能保证宝宝头部正常发育，睡出漂亮的头型。但是一定不能忘记，侧卧时，还是应采取左侧卧和右侧卧交替的方法。

另外，宝宝睡着时，妈妈可以帮助宝宝更换睡姿。更换方法为：宝宝在睡眠比较浅的时候不要动他，他会不接受，会哭闹不安，转到他喜欢的位置接着睡。在宝宝睡着15～20分钟后，睡得比较沉的时候，帮助他改变一下体位，是循序渐进的改变，开始少一点，然后再多一点。

贴心小贴士

新生儿睡觉时是不需要枕头的，因为新生儿的脊柱是直的，平躺时，背和后脑勺在同一平面上，不会造成肌肉紧绷而导致落枕。如果头被垫高了，反而容易形成头颈弯曲，影响新生儿的呼吸和吞咽，甚至可能发生意外。如果为了防止吐奶，可以把新生儿的上半身适当垫高一些，而不是只用枕头将头部垫高。

学会观察新生儿的大便

宝宝的大便是与喂养情况密切相关的，同时也反映了胃肠道功能及相关疾病。妈妈应该学会观察宝宝的大便，观察大便需观察它的形状、颜色和次数。新生儿的大便有以下几种情况，均属正常情况。

新生儿出生不久，会出现黑、绿色的焦油状物，这是胎粪。这种情况仅见于宝宝出生的头2~3天。

宝宝出生后一周内，会出现棕绿色或绿色半流体状大便，充满凝乳状物。这说明宝宝的大便发生了变化，消化系统正在适应所喂食物。

一般来说，母乳喂养的宝宝大便多为均匀糊状，呈黄色或金黄色，有时稍稀并略带绿色，有酸味但不臭，偶有细小乳凝块。宝宝每日排便2~4次，有的可能多至4~6次也算正常，但仍为糊状。宝宝此时表现为精神好、活泼。添加辅食后粪便则会变稠或成形，次数也减少为每日1~2次。

若是以配方奶粉来喂养，大便则较干稠，而且多为成形的、淡黄色的，量多而大，较臭，每日1~2次，有时可能会便秘。若出现大便变绿，则可能是腹泻或进食不足的表现，父母要留意。有时候宝宝放屁带出点儿大便污染了肛门周围，偶尔也有大便中夹杂少量奶瓣，颜色发绿，这些都是偶然现象，妈妈不要紧张，关键是要注意宝宝的精神状态和食欲情况。只要精神佳、吃奶香，一般没什么问题。

贴心小贴士

如果宝宝长时间出现异常大便，如水样便、蛋花样便、脓血便、柏油便等，则表示宝宝有病，应及时去咨询医生并治疗。

给男宝宝清洁生殖器的方法

给宝宝松开尿布（松开后应停留一会儿，因为“顽皮”的宝宝常常会在妈妈给他松开尿布后撒尿），再解开尿布。

妈妈用湿布将尿擦干，从大腿褶皱向前清洗，不要将包皮往后拉，不用刻意清洗包皮或翻开包皮清洗龟头，因为宝宝的包皮和龟头还长在一起，过早地翻动柔嫩的包皮会损伤宝宝的生殖器。

用一只手握住宝宝双脚踝，提起他的双腿，清洗他的臀部，彻底擦干。如果宝宝之前大便过，应使用棉球蘸上洗剂或油擦拭臀部，每次用新的棉球擦拭，擦后要洗手。

给女宝宝清洁生殖器的方法

打开尿布，擦去尿液和粪便。擦去粪便时应注意由前往后，不要污染外阴。擦洗大腿根注意由上而下，由内向外。

举起宝宝双腿，用温开水清洗宝宝的肛门和屁股。

清洗外阴部，注意要由前往后擦洗，防止肛门细菌进入阴道。

用小干软毛巾抹干尿布区，并可在臀部、阴唇外阴周围擦上护臀霜。

贴心小贴士

刚出生的女宝宝的外阴，可能因在胎中受母亲内分泌的影响，偶尔有白色或带有血丝的分泌物出现在阴道口处，此时可以用浸透清水的棉签轻轻擦拭，不必紧张。这些分泌物对于宝宝脆弱的黏膜其实可以起到一定的保护作用，过度清洗则有害无益。

宝宝哭闹不休怎么办

一般来说，宝宝不会无缘无故地哭闹，如果宝宝突然哭起来，可能是饿了、尿了、累了等，因为这是他表示需求的唯一方式。

当宝宝哭闹不休时，首先妈妈要弄明白宝宝哭闹的原因，如饿了、尿了、生病了等。如果排除了这些原因，发现宝宝就是想哭，这时妈妈可以抱着宝宝，抱着宝宝会使他感到安全，也有助于使他精神集中。摇晃并轻拍他或是给他一个橡皮奶嘴也是安慰他的不同方式。

另外，有些宝宝听到单调的“噪声”会安静下来，比如真空除尘器的开动声。总之，宝宝需要抚慰时要用不同的方法试试看，千万不可放任他哭泣。

通过哭声来判断宝宝的需求

饥饿	当宝宝饥饿时，哭声很洪亮，哭时头来回活动，嘴不停地寻找，并做着吸吮的动作。只要一喂奶，哭声马上就停止，而且吃饱后会安静入睡，或满足地四处张望。
感觉冷	当宝宝冷时，哭声会减弱，并且面色苍白、手脚冰凉、身体紧缩，这时把宝宝抱在温暖的怀中或加盖衣被，宝宝觉得暖和了，就不再哭了。
感觉热	如果宝宝哭得满脸通红、满头是汗，一摸身上也是湿湿的，被窝很热或宝宝的衣服太厚，那么减少铺盖或减衣服，宝宝就会慢慢停止啼哭。
便便了	有时宝宝睡得好好的，突然大哭起来，好像很委屈，就可能是宝宝大便或者小便把尿布弄脏了，这时候换块干的尿布，宝宝就安静了。
不安	宝宝哭得很紧张，妈妈不理他，他的哭声会越来越大，这就可能是宝宝做梦了，或者是宝宝对一种睡姿感到厌烦了，想换换姿势可又无能为力，只好哭了。妈妈拍拍宝宝告诉他“妈妈在这，别怕”，或者给宝宝换个体位，他又接着睡了。
生病	宝宝不停地哭闹，用什么办法也没用。有时哭声尖而直，伴发热、面色发青、呕吐，或是哭声微弱、精神萎靡、不吃奶，这就表明宝宝生病了，要尽快请医生诊治。

宝宝老让人抱着睡，放下就哭怎么办

喜欢被妈妈抱在怀里是宝宝的天性。在妈妈的怀里，宝宝会感到最安全、最幸福。但是家人若是一味地迁就宝宝，一哭就抱或者抱在手上哄着睡，甚至睡着了也不放下，慢慢地宝宝就有了过分依恋，即依赖心理，最后就变成只有抱着才肯睡觉了。特别是当宝宝半夜醒来时得不到妈妈的安慰，他就很难再自己入睡。这对培养宝宝独立入睡的习惯和形成夜间深睡眠、浅睡眠的自然转换都会造成不良影响。

父母应该从宝宝很小开始，慢慢让宝宝自己在婴儿床上睡觉，逐步培养独立入睡的能力。另外，妈妈在宝宝睡前一定要做好准备工作，如果宝宝是饿着肚子或憋着尿入睡，又或者是环境太冷、太热，那肯定是睡不好的。

贴心小贴士

“抱睡”不利于宝宝独立个性的培养，也不利于养成良好的睡眠习惯，长期“抱睡”还不利于宝宝脊柱的正常发育。有的妈妈喜欢边抱边晃宝宝，这样很容易使宝宝脑部受损。

1个月宝宝的早教

语言能力训练——经常温柔地跟新生儿说话

家人平时要多和宝宝说话，不用在乎他是否听得懂，重要的是他能听到家人给他发出的不一样的声音和语调。妈妈做家务时还可给宝宝哼哼歌，或放一些节奏较慢的音乐给他听。

经常温柔地跟宝宝说话，不但能增强亲子之间的感情交流，这种早期语言训练，还对宝宝将来学说话很有作用。

育儿指导

妈妈和宝宝说话时声音要柔和亲切，语调要富于变化。比如宝宝哭时，妈妈要用温和亲切的语调哄他，如“哎呀，我们家宝宝怎么了？来来，不哭啊，妈妈抱抱”，并观察宝宝的反应；在喂奶时，妈妈可以轻轻呼唤宝宝的乳名，如：“小龙，是不是饿了，妈妈给小龙喂奶来咯！”这样经常跟宝宝说话能够给宝宝一种温暖和安全的感觉。

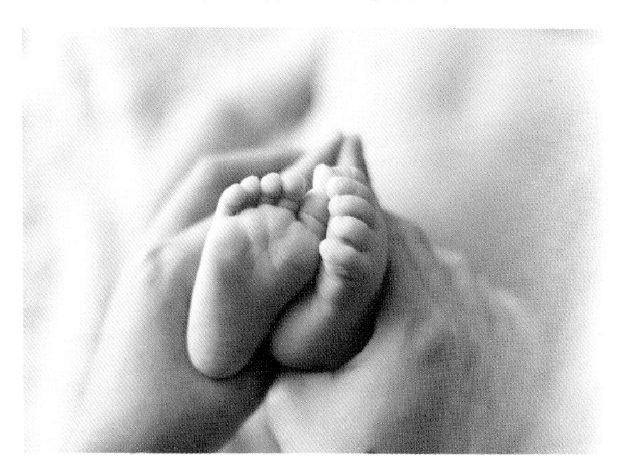

精细动作能力训练——训练新生儿的“抓握”能力

宝宝一出生就有抓握的本领，如果妈妈用两个食指从宝宝的小拇指伸入手心，宝宝会很自然地抓住妈妈的手不放，这就是医学认为的新生宝宝几种先天反射中的“握持反射”。根据这种能力，妈妈可用花环棒、笔杆、筷子之类的物品让宝宝试握。但要注意，别伤到宝宝。训练宝宝的握持能力可以在出生20天以后进行，一般等到宝宝睡醒时训练最好，这时宝宝容易引起握持反射。刚开始时，妈妈可以训练新生宝宝的一只手，在宝宝能够握持住妈妈的手指后，再训练新生宝宝双手握持。

育儿指导

妈妈除了利用宝宝的先天反射来进行必要的训练外，训练宝宝的精细动作能力，还应注意以下两点：

不要把宝宝的手藏在衣服里

把宝宝平放在床上，让他随意握拳、挥拳。妈妈不要总是把宝宝的小手藏在衣服里，而应该让他经常看自己的手，玩手，充分地去抓、握、拍、打、敲、挖……宝宝手掌的皮肤有丰富的触觉神经末梢感受器，手部动作可以使宝宝感受丰富多彩的外部世界。

经常给宝宝做手部按摩

妈妈在给宝宝喂奶时，可以用一只手托住宝宝，用另外一只手轻轻按摩宝宝的手指头。这样可刺激宝宝的神经末梢，有助于宝宝的大脑发育及手指灵巧。

大动作能力训练——训练新生儿的“行走”能力

宝宝一出生就有“行走”的能力，这种先天的能力会在宝宝出生后56天左右自然消失。所以，妈妈应及早地、充分地利用宝宝的这一能力并加以动作训练，可使宝宝提早学会走路，从而促进脑的发育成熟、智力发展。

育儿指导

训练宝宝“行走”能力的方法：托住宝宝的腋下，用两大拇指控制好头部让他的光脚板接触平面，他就会做协调的迈步动作。从出生第8天开始到第56天结束，每天4次，每次3分钟。于喂奶后半小时进行。

除了及时训练宝宝的“行走”反射外，妈妈还要从以下几个方面来训练宝宝的大动作能力：

抬头训练

妈妈竖抱宝宝，使宝宝头部靠在自己的肩上，然后妈妈不要用手扶住宝宝头部，让宝宝的头自然立直片刻。每日4~5次。可以促进宝宝颈部肌肉张力的发展。

俯腹抬头训练

宝宝空腹时（吃奶前），将他放在妈妈或爸爸的胸腹前，自然俯卧，妈妈把双手放在宝宝脊部按摩，并逗引宝宝抬头。也可将宝宝俯卧在床上，用玩具逗引宝宝抬头片刻，边练习边说“宝宝，抬抬头”，同时用手轻轻按摩宝宝背部，使宝宝感到舒适愉快，背部肌肉得到放松。这个练习可以训练宝宝头、颈部肌肉，还可使宝宝扩大视野，智力得到开发。

蹬脚训练

宝宝仰卧于床上，妈妈将几件发响软塑玩具放于墙边，并用一块有一点硬度的板挡立在软塑玩具前面，使宝宝在无意识地随意蹬踏中，逐渐引发有意识地用力踏蹬，从而训练宝宝双腿的灵活性及交替蹬踢能力。需要注意的是，硬板比较凉，妈妈不要让宝宝光脚蹬踏硬板。这个训练可以锻炼宝宝的腿部力量，为宝宝今后的学爬做准备。

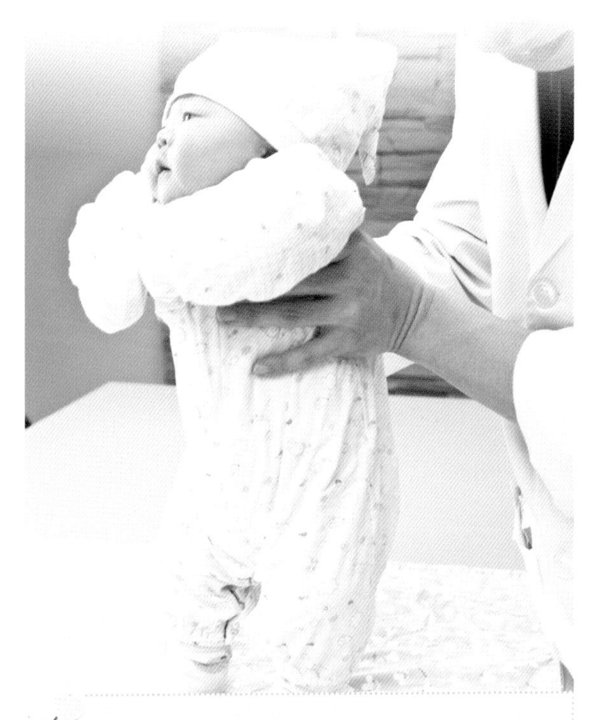

贴心小贴士

如果宝宝有紧张、烦躁等不好的情绪，应立即停止训练，可抚摸宝宝的皮肤，使宝宝平静。

写给妈妈的贴心话

新生儿最需要安全感

宝宝刚刚离开温暖的子宫，来到这个全然陌生的世界，内心中充满了不安，非常需要父母的安抚和关爱，以此建立对这个世界的安全感。

育儿指导

在新生儿阶段，最关键是要及时满足宝宝的各种需求，饿了及时喂，尿了及时换尿布，烦了马上抱，哭了立刻哄——需求得到及时满足的宝宝，会对家长和这个新世界产生信赖和认同，也会对自己充满信心。

新生儿也有感情吗

大量科学实验证明，新生儿有感情，并懂得母爱，甚至胎儿都能领会母爱。

育儿指导

不管宝宝有多么的不好带，每天哭闹不休，妈妈都要以爱的心态来教养宝宝。当宝宝哭时，妈妈要拥抱他，给他安全感，而不是认为新生儿哭了也不要抱，抱会惯坏他。妈妈们要知道，这么小的孩子突然进入一个他完全陌生的环境，最需要的是安全感和妈妈的爱。另外，新生儿能辨别爸爸妈妈说话的语气。当妈妈用和缓的语气和宝宝说话时，宝宝会表现出欢愉的表情，显得很安静；当妈妈以生硬、不耐烦的语气和宝宝说话时，宝宝会皱眉头，表现出不快和不安。所以，妈妈要用温柔和缓的语气和宝宝交流，这对宝宝情感发育非常重要。

新生儿需要妈妈的关注

妈妈可以发现，新生儿最喜欢看妈妈的脸。有资料表明，被妈妈多加关注的宝宝安静、易笑。

育儿指导

在宝宝出生后30分钟内，家人最好把宝宝放置在妈妈胸前。不管新妈妈此刻是否精疲力竭，都应努力抱持宝宝，让宝宝伏在妈妈胸口睡上一小觉。分娩后的搂抱对母子关系的建立和日后安抚宝宝都有事半功倍的效果，宝宝的表情也会因此显得安恬和放松。如果宝宝出生后12小时还没有躺进妈妈怀抱，会使宝宝情绪上惶惑不安。

此外，每次当宝宝醒来时，妈妈可在宝宝的耳边轻轻呼唤宝宝的名字，并温柔地与其说话。经常听到妈妈亲切的声音使宝宝感到安全、宁静，也能为日后良好的心境打下基础。

Part 2 2个月宝宝

一到两个月的宝宝体重增长较快，平均可增加1.2千克，人工喂养的宝宝甚至能增加1.5千克。宝宝出生后半年内，体重增加都会比较快，但也有的宝宝会出现阶梯性或跳跃性增长，第一个月增加不多，而第二个月却快速增长，只要不是疾病原因引起的，宝宝这种不均衡的体重增长现象也是正常的。

这个月宝宝身高增长也比较快，一个月可长3～4厘米，和体重增长一样，身高增长也存在个体差异，只是差异比较小，如果身高增长明显落后于平均值，爸爸妈妈就要及时带宝宝看医生。

身体发育标准

身高·体重·头围·胸围

		女宝宝	男宝宝
2个月	身高	54.6~63.8厘米，平均59.2厘米	55.6~65.2厘米，平均60.4厘米
	体重	4.4~7.0千克，平均5.7千克	4.7~7.6千克，平均6.1千克
	头围	36.2~41.0厘米，平均38.6厘米	37.0~42.2厘米，平均39.6厘米
	胸围	35.1~42.3厘米，平均38.7厘米	36.2~43.4厘米，平均39.8厘米

2个月宝宝的喂养

母乳喂养的宝宝需要喝水吗

从理论上来讲，宝宝在出生后的前4个月，如果是采取母乳喂养的话是不需要喝水的，因为母乳中含有大量水分，完全能够满足宝宝对水的需要量。不过，由于宝宝新陈代谢旺盛，需水量较成人多些，如果妈妈本身不爱喝水，宝宝又出汗较多，可以给宝宝喝少量的水，以免宝宝因缺水引起身体不适。尤其是在炎热的夏天，宝宝如果出汗比较多，建议给宝宝喝少量的白开水。

一般可每天给宝宝喂1~2次白开水，时间可选在两次喂奶之间。在屋外时间长了、洗澡后、睡醒后、晚上睡觉前等都可给宝宝喂点水，但必须注意在喂奶前不要给他喝水，以免影响喂奶。

至于一次给宝宝喂多少水，可随宝宝自己的意思，也就是说若喂他不愿意喝的话，也就不用喂了，说明母乳已经能够满足宝宝对水的需求量了。千万不可强行给宝宝喂水，因为喂水会减少吃奶的量，不利于营养素的摄入。

注意：烧开后冷却4~6小时的凉开水，是宝宝最理想的饮用水；宝宝出汗时应增加饮水次数，而不是增加每次饮水量。

贴心小贴士

对于混合喂养或人工喂养的宝宝，需要更多的水，除了喂奶以外，两次喂奶的间期，妈妈还需要给宝宝喂上30~50毫升的温开水。不但可以帮助宝宝体内生理代谢的进行，还可以清洁口腔。

夜间给宝宝喂奶需要注意什么

夜晚是睡觉的时间，妈妈在半梦半醒之间给宝宝喂奶很容易发生意外，所以妈妈晚上给宝宝喂奶时要注意以下几点：

保持坐姿喂奶

建议妈妈应该像白天一样坐起来喂奶。喂奶时，光线不要太暗，要能够清晰看到宝宝皮肤的颜色；喂奶后仍要竖立抱，并轻轻拍背，待打嗝儿后再放下。观察一会儿，如宝宝安稳入睡，就保留暗一些的光线，以便宝宝溢乳时及时发现。

延长喂奶间隔时间

如果宝宝在夜间熟睡不醒，就要尽量少地惊动他，把喂奶的间隔时间延长一下。一般来说，新生儿期的宝宝，一夜喂2次奶就可以了。另外在喂奶过程中应注意，要让宝宝安静地吃奶，避免宝宝夜晚受惊吓，也不要在宝宝吃奶时与之戏闹，以防止呛咳。每次喂完奶后应将宝宝抱直，轻拍宝宝背部使宝宝打出嗝儿来，以防止溢奶。

不要让宝宝叼着奶头睡觉

有些妈妈为了避免宝宝哭闹影响自己的休息，就让宝宝叼着奶头睡觉，或者一听见宝宝哭就立即把奶头塞到宝宝的嘴里。这样会影响宝宝的睡眠，也不能让宝宝养成良好的吃奶习惯，而且还有可能在妈妈睡熟后，乳房压住宝宝的鼻孔，造成宝宝窒息死亡。

> **贴心小贴士**
>
> 准妈妈吃鱼还应注意搭配，豆腐煮鱼就是一种很好的搭配方式，可使豆腐和鱼两种高蛋白食物得以互补。另外，鱼与大蒜和醋搭配也值得提倡。

母乳不足应该怎样催乳

首先不管妈妈有没有奶，或是有奶但奶量不足，都应让宝宝多吮吸。奶量实在不足时，可补充配方奶做混合喂养，但不可停掉母乳专门喂配方奶。同时，要采取一些措施来促进乳汁的分泌。

进食催乳食物

妈妈要多吃些有营养、能促进乳汁分泌的食物和汤水，如鲫鱼通草汤（不放盐）、黄豆猪蹄汤、鲜虾汤等，都能催奶。

另外，还可用药物催乳，用王不留行（中药名，有活血通经、消肿止痛、催生下乳的作用）10克、当归10克煎服，连服7天。或者补充维生素E每次100毫克，每天2～3次连服3天，也有增加奶量的作用。

注意休息，保持愉快心情

精神因素对产后泌乳有一定的影响。产后妈妈要注意保持好心情，暂且忘掉烦恼，把家务先扔在脑后，充分地休养身体。不要总是对宝宝是否吃饱、是否发育正常等问题过多地担心。充分地相信自己，并保持乐观的情绪，这样才能使催乳素水平增高，从而使奶水尽快增多。

对乳房进行按摩

每次哺乳前，先将湿热毛巾覆盖在左右乳房上，两手掌按住乳头及乳晕，按顺时针或逆时针方向轻轻按摩10～15分钟。经过按摩既能减轻乳房的胀痛感，又能促使奶水分泌。

贴心小贴士

每次哺乳时，双侧乳汁都要吸净，有剩余的也要全部挤出，这样可以多分泌乳汁。妈妈不要“积攒奶水”，因为奶水是越吸越多的。

乳汁分泌过多时怎么办

乳汁分泌过多的情况妈妈不容易发现。妈妈奶水很好，乳头也没什么不适，宝宝大小便都正常，生长发育也正常。可就是每当给宝宝喂奶时，宝宝就打挺、哭闹，刚把奶头放入宝宝口中，宝宝很快就吐出来，甚至拒绝吃奶。奶水向外喷出，甚至喷宝宝一脸。当宝宝吸吮时，吞咽很急，一口接不上一口，很容易呛奶。这就是乳汁分泌过多，是"乳冲"造成的。

解决乳冲的办法：用剪刀式喂奶法

妈妈一手的食指和中指做成剪刀样，夹住乳房，让乳汁慢慢流出。另外，如果妈妈乳汁分泌较多，最好的方法不是让乳汁减少，而是让宝宝吃空一侧乳房，用吸奶器把另一侧乳房的奶吸出来。有医生建议喂奶前先将乳汁挤出一些，以减轻乳胀，这种做法不是很好。因为挤出去的"前奶"含有丰富的蛋白质和免疫物质等营养成分，"后奶"的脂肪含量较多，若每次都是挤出"前奶"的话，宝宝就多吃了脂肪，少吃了蛋白质等其他营养成分，造成营养不均衡。所以，如果需要挤奶，也应该将挤出来的"前奶"用奶瓶喂给宝宝，或用剪刀式喂奶法给宝宝喂奶，没喂完的"后奶"再挤去。

贴心小贴士

当乳汁分泌过多时，妈妈不要想办法减少乳汁的分泌量，因为宝宝以后对乳汁的需求量会越来越大。

怎样防治宝宝溢奶

宝宝溢奶时，妈妈不必太过惊讶和担心。在宝宝的体内，因为关闭胃部开口的肌肉可能尚未发育完全，这会使得母乳或配方奶会再溢上来，一般宝宝溢的奶并不多。

防治宝宝溢奶

如果听到宝宝咽奶声过急，或宝宝的口角有乳汁流出，就要拔出奶头，让宝宝休息一下再喂。

如果妈妈乳头正在喷乳（乳汁像线样从乳头喷出），应停止喂奶。妈妈可用手指轻轻夹住乳房，让乳汁缓慢地进入宝宝的口腔。

对容易溢奶的母乳喂养的宝宝，喂奶过程中可暂停1~2次，每次2分钟左右，妈妈最好把宝宝竖抱起来，拍拍后背，排出空气后，再继续喂。每次喂奶时，不要让宝宝吃得过饱。

喂完奶后，要将宝宝竖抱起来，让宝宝趴在妈妈肩头上，轻拍后背，让宝宝打几个嗝儿，排出吞入的空气。

放下宝宝时，最好让宝宝采取右侧卧位，这样可以减少吐奶的机会。

切忌在喂奶后抱宝宝跳跃或做活动量较大的游戏。

贴心小贴士

放下宝宝时应该准备一块小毛巾，叠成三角形，从孩子一侧耳边搭到另一侧，这样就算宝宝溢奶，也不会弄脏枕头或流到耳朵。保持宝宝耳朵的清洁很重要，因为宝宝耳蜗浅，比成人更容易患中耳炎。

宝宝发生呛奶怎么办

一般来说，如果只是偶尔呛奶，多半是母亲喂养的姿势不正确，如婴儿躺在床上吃奶，或是抱着半醒半睡时吃奶，或是孩子鼻塞、感冒。所以，妈妈要讲究科学喂奶方法，如在婴儿完全清醒时喂奶，喂奶时应抱起，使之呈半侧卧位，喂奶后使之直立，轻轻拍其背，定时、定量喂奶等。

如果婴儿经常性吃奶呛咳，则多是由于维生素A缺乏。要及时地给他补充维生素A，可口服鱼肝油滴剂。具体方法是：每天3次，每次1滴。用此方法，可以治疗和预防婴儿呛咳。

缓解呛奶的紧急处理方法

若宝宝平躺时发生呕吐，应迅速将宝宝的脸侧向一边，以免吐出物流入咽喉及气管；还可用手帕、毛巾卷在手指上伸入口腔内甚至咽喉处，将吐、溢出的奶水快速清理出来，以保护呼吸道的顺畅。

如果发现宝宝憋气不呼吸或脸色变暗时，表示吐出物可能已经进入气管了，应马上使宝宝俯卧在妈妈膝上或硬床上，用力拍打宝宝的背部4～5次，使其能将奶咳出，随后，妈妈应尽快将宝宝送往医院检查。

贴心小贴士

随着宝宝逐渐长大，溢奶和呛奶现象都会逐渐减轻，6个月左右的时候就会自然消失了，所以父母不要担心。

怎样从宝宝口中抽出乳头

刚出生十多天的宝宝在吃奶的前五六分钟时间内就已经吃饱了，剩下的时间只是含着乳头玩，有的干脆就已经睡着。为了能让宝宝把一侧乳房的乳汁吸空，可用手轻轻捻宝宝的耳下垂，让他醒来再吸一些，如果宝宝实在不愿再多吸，就要及时把乳头抽出。妈妈在抽出乳头时不能硬拉，应该采取正确的方法从宝宝口中抽出乳头。

方法一：当宝宝吸饱乳汁后，妈妈可用手指轻轻压一下宝宝的下巴或下嘴唇，这样做会使宝宝松开乳头。

方法二：当宝宝吸饱乳汁后，妈妈可将食指伸进宝宝的嘴角，慢慢地让他把嘴松开，这样再抽出乳头就比较容易了。

方法三：当宝宝吸饱乳汁后，妈妈还可将宝宝的头轻轻地扣向乳房，堵住他的鼻子，宝宝就会本能地松开嘴。

妈妈感冒了能喂宝宝吗

妈妈患感冒时，早已通过接触把病原带给了宝宝，即便是停止哺乳也可能会使宝宝生病；相反，坚持哺乳，反而会使宝宝从母乳中获得相应的抗病抗体，增强宝宝的抵抗力。所以，妈妈患感冒了是可以继续喂奶的，只是要注意不要将疾病传染给宝宝。

如果感冒不重的话，最好是不要吃药，注意保暖，屋内通风，可以多喝开水或服用板蓝根冲剂，感冒清热冲剂；流鼻水可以用开水蒸气来熏，效果很好的；如果有细菌感染，可以口服青霉素V钾片或是头孢拉啶之类的药（遵医嘱）；如果咳嗽有痰的话，可以吃点甘草合剂，不影响哺乳。妈妈高烧期间可暂停母乳喂养1~2天，停止喂养期间，应按时把乳房内乳汁吸出。

另外要注意，妈妈感冒期间，应尽量减少与宝宝面对面的接触，可以戴口罩，以防呼出的病原体直接进入宝宝的呼吸道。

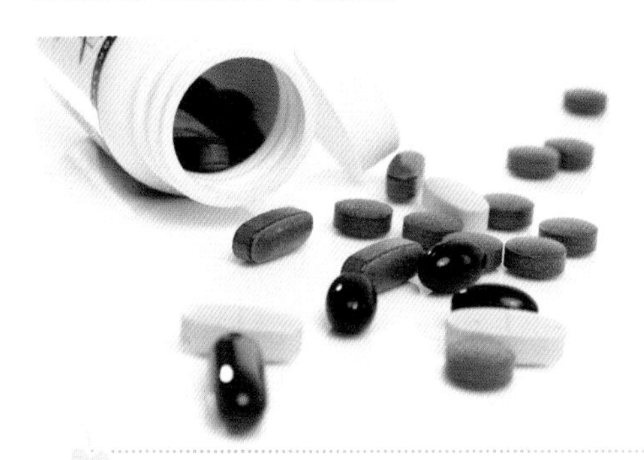

贴心小贴士

如果妈妈病情较重需要服用其他药物，应该严格按医生处方服药（跟医生说明自己正在哺乳期），以防止某些药物进入母乳而影响宝宝。

2个月宝宝的护理

宝宝吃母乳总拉稀是怎么回事

有些宝宝生后没几天就开始每天多次排出稀薄的大便，呈黄色或黄绿色，每天少则2~3次，多则6~7次，但是宝宝一直食欲很好，体重增长速度正常。这种现象在医学上称为“宝宝生理性腹泻”，属正常现象，那是因为宝宝刚出生，胃肠功能还不是很好，妈妈的奶营养成分太高，无法都吸收，所以才拉稀。

对于生理性腹泻的宝宝，不需要任何治疗，不必断奶，一般在出生后几个月到半年的时候，也就是宝宝能吃辅食时，这种现象会缓解或消失，在此期间注意加强日常护理即可。因生理性腹泻多见于面部湿疹（奶癣）比较严重的宝宝，唯一的问题是大便次数较多，所以，妈妈要及时给宝宝换尿布和清洗臀部，并用消毒油膏涂抹，以保护局部皮肤，以免引起红臀，甚至局部感染。

不过，有的宝宝拉稀是因为妈妈吃了不合适的食物，如：性质过于寒凉的食物、太过油腻的食物或不洁的食物。如果妈妈有类似的情况要及时改善。

贴心小贴士

父母在发现宝宝出现生理性腹泻时，要注意与其他腹泻的区别，仔细观察宝宝的大便性状，精神状况，尿量、体重增长情况，最好去医院确诊一下。

宝宝的衣物应单独清洗消毒

宝宝抵抗力相对较低，容易受细菌侵扰，所以妈妈要特别注意，宝宝的生活用品都要单独使用、清洗和消毒。内衣和外衣同样也要分开处理。

清洗方法

清洗宝宝的衣物应用婴儿或儿童专用的洗衣液或洗涤用品，包括洗衣皂、柔顺剂等。注意洗涤成分中不要含有磷、铝、荧光增白剂等有害物质。用洗衣液洗净之后，要用清水冲到没有泡泡产生为止。因为衣物清洁剂容易让化学物质残留在衣物上，造成衣物纤维残留洗衣精、漂白水、柔软剂等成分，对于皮肤较敏感的宝宝来说，很容易引起接触性皮炎。所以建议在冲洗衣物的时候，多冲洗几次让衣服不会再产生泡泡，才算冲洗干净。

另外，宝宝的衣服洗好后用开水烫一下，一方面是为了避免白色衣物变黄，另一方面又起到了去奶味和杀菌的作用，还可以恢复衣物的柔软度，但必须是在衣物质量允许的情况下才行。有条件的可以放到阳光下晒干。

贴心小贴士

奶渍千万不可用热水清洗，因为牛乳中的蛋白质遇热凝固的特性，会让衣物上的奶渍更难脱落，应选用冷水洗。此外，如果衣服不慎弄脏，可以先在脏污处涂抹上洗衣肥皂，接着，不要急着冲水，先静置10分钟后再用手轻轻搓揉冲洗。

怎样给宝宝穿衣服

宝宝的身体很柔软，四肢还大多是曲屈状，所以妈妈给宝宝穿衣服时可能会遇到困难，不过掌握要点后，给宝宝穿衣服其实并不难。

给宝宝穿衣服的方法

在给宝宝穿脱衣服时，可先给宝宝一些预先的信号，先抚摸他的皮肤，和他轻轻地说话，如告诉他："宝宝，我们来穿上衣服，好不好"，使他心情愉快，身体放松。

把宝宝放在一个平面上，确认尿布是干净的，如有必要，应更换尿布。

穿汗衫时先把衣服弄成一圈并用两个拇指在衣服的颈部拉撑一下。把它套过宝宝的头，同时要把宝宝的头稍微抬起。把右衣袖口弄宽并轻轻地把宝宝的手臂穿过去；另一侧也这样做。

穿纽扣连衣裤先把连衣裤纽扣展开，平放备穿用。抱起宝宝放在连衣裤上面。把右袖弄成圈形，通过宝宝的拳头，把他的手臂带出来。当妈妈这样做的时候，把袖子提直；另一侧做法相同。

把宝宝的右腿放进连衣裤底部；左腿做法相同。

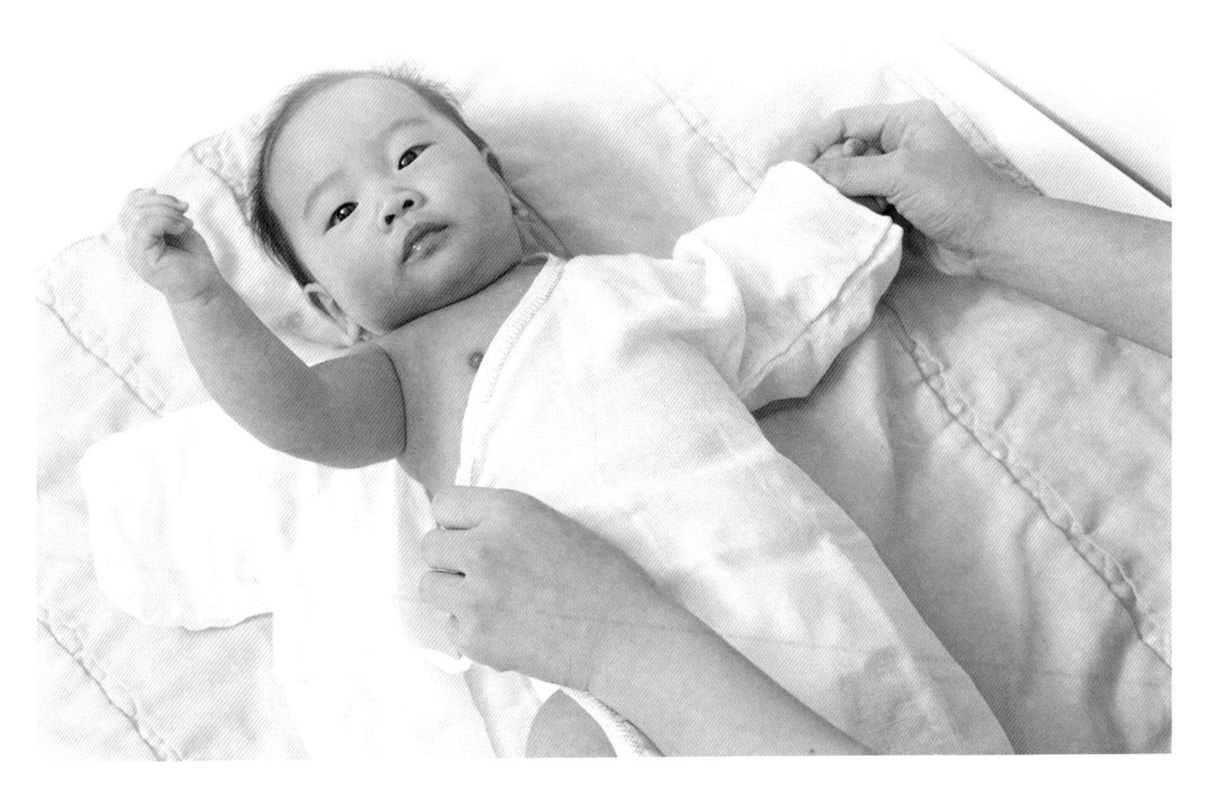

宝宝洗澡时间要固定

如果从宝宝出生开始妈妈就每天给宝宝洗澡，那么之后就尽量每天给宝宝洗澡。因为宝宝已经适应每天给他洗澡了，如果有几天不洗澡，宝宝会感到不舒服而哭闹。

洗澡方法

这个月的宝宝可以不必像新生儿那样，一部分一部分地洗，可以把宝宝完全放在浴盆中，但要注意水的深度不要超过宝宝的腹部，水的温度保持在37~38℃。

洗澡时间不要太长，一般不要超过15分钟，以5~10分钟最佳。不要每次都使用婴儿香皂，一周使用一次就可以了，并注意一定要用清水把泡沫洗干净。

还有，给宝宝洗澡时要注意不要把水弄到耳朵里，这时宝宝的肝脏已经长好了，不必担心感染，但是，如果脐凹过深，也要把脐凹内的水沾干。

洗完后，要用干爽的浴巾包裹，等干后再穿衣服，不要用干爽的毛巾擦身上的水后马上给宝宝穿衣服，这样容易使宝宝受凉。

贴心小贴士

洗澡后给宝宝喂一点白开水，不要马上喂奶，最好等洗澡后10分钟再开始喂奶，这对消化有好处。

宝宝用什么样的洗浴用品好

新生宝宝不用使用任何护肤品，包括标明“新生儿专用”的护肤品。过完新生儿期，妈妈可为宝宝选购一些用于清洁皮肤和保护皮肤的洗浴用品了。

那么，怎样为宝宝选购洗护用品呢

不可用功能相同的成人用品替代。选购时，一定要认明“专为婴儿设计”的字样，因为，这类产品已针对宝宝皮肤做过测试。

要选择正规厂家生产及来源于正规渠道，并经卫生管理部门批准和检测的洗浴用品，外包装上应有批准文号、生产厂家、成分、有效期等正规标识。一般而言，选择老牌子、口碑佳的产品较有安全保证。

包装要完整安全。首先包装材质要无毒，且要造型易于抓握，不怕摔咬，有安全包装设计，能防止宝宝误食；包装要无破损，容器密封完好，其中的成分未和空气结合而发生变质。

如果宝宝是过敏性皮肤，妈妈要请教医生推荐选用专门设计的沐浴用品以确保安全。

贴心小贴士

在宝宝出生后的3~4个月，洗澡时不需另备洗发香波，只需用沐浴精或沐浴乳液就可以达到清洁的效果。待宝宝逐渐长大，当妈妈感到用沐浴精或乳液给宝宝洗头洗得不干净或是脏得很快时，就需为宝宝选购一瓶婴儿专用洗发用品了。

怎样给小宝宝剪指甲

在医院的新生儿科，护士每天都给宝宝剪指甲，避免宝宝指甲太长抓伤自己。宝宝回家了，妈妈要学会给宝宝剪指甲。由于宝宝的指甲长得快，所以大约几天就要帮宝宝剪一次。

剪指甲的姿势

让宝宝平躺在床上，妈妈支靠在床边，握住宝宝靠近妈妈这边的小手，最好是同方向、同角度，这样不容易剪得过深而伤到宝宝。

妈妈坐着，把宝宝抱在身上，使宝宝背对着妈妈，然后也是同方向地握住宝宝的一只小手剪。

握着宝宝的手时，分开宝宝的五指，捏住其中一个指头剪，剪好一个换一个。最好不要同时抓住一排指甲剪，以免宝宝突然挥动整个手而误伤其他手指。

修剪顺序应该是，先剪中间再修两头。因为这样比较容易掌握修剪的长度，避免把边角剪得过深。剪完后，仔细检查一下是否圆滑。

对于一些藏在指甲里的污垢，最好在修剪后用清洗的方式来清理，不宜使用坚硬物来挑除。

如果在剪指甲时不小心伤到了宝宝，要立即用消毒纱布或棉球止血，然后涂上消炎药膏。

贴心小贴士

给宝宝剪指甲，最好使用宝宝专用的指甲钳，以免伤到宝宝。

让宝宝养成良好的睡眠习惯

为了使宝宝养成良好的睡眠习惯，妈妈首先可以给宝宝建立一套睡前模式，有助于宝宝入睡。如：先给宝宝洗个热水澡，换上睡衣；然后给宝宝喂奶，吃完奶后不要马上入睡，应待半个小时左右，此期间可拍嗝儿，顺便与宝宝说说话，念1~2首儿歌，把一次尿，然后播放固定的催眠曲（可用胎教时听过的音乐）；随后关灯，此后就不要打扰宝宝了。

如果宝宝在睡眠周期之间醒来，妈妈不要立刻起、哄、拍或玩耍，这样很容易形成宝宝每夜必醒的习惯。只要不是喂奶时间，可轻拍宝宝或轻唱催眠曲，不要开灯，让夜醒的宝宝尽快入睡。在后半夜，如果宝宝睡得很香也不哭闹，可以不喂奶。随着宝宝的月龄增长，逐渐过度到夜间不换尿布、不喂奶。如果妈妈总是不分昼夜地护理宝宝，那么宝宝也就会养成不分昼夜的生活习惯。

贴心小贴士

妈妈最好有意识地限制一下宝宝白天的睡眠时间，以1次不超过3个小时为宜。如果宝宝超过了3个小时没醒，妈妈可以轻轻弄醒宝宝。弄醒宝宝的方法有很多，如打开衣被换尿布、触摸皮肤、轻捏脚心、抱起说话等。

从宝宝入睡状态看健康状况

宝宝正常的睡眠是入睡后安静，睡得很实，呼吸平稳，头部略有微汗，面目舒展，时而还有微笑的表情。如果宝宝出现下列睡眠现象，可能是一些疾病潜伏或发病的征兆，要引起重视。

睡眠不安，时而哭闹乱动，不能沉睡。这种情况通常是由于宝宝白天受到不良刺激，如惊恐、劳累等引起的。所以平时不要吓唬宝宝，不要让宝宝过于劳累。

全身干涩发烫，呼吸急促，脉搏比正常者要快（1岁以内的宝宝，呼吸每分钟不超过50次，脉搏每分钟不超过130次）。这预示着宝宝即将发烧。注意给他补充水分。

入睡后易醒，头部多汗，时常浸湿头发、枕头，出现痛苦难受的表情，睡时抓耳挠腮，四肢不时乱动，有时惊叫。出现这种情况，宝宝可能患有外耳道炎、湿疹或是中耳炎。应该及时检查宝宝的耳道有无红肿现象，皮肤是否有红点出现，如果有的话，要及时将宝宝送医院诊治。

注意，有些宝宝睡觉异常现象不是病理的，有些宝宝晚上睡觉后出现惊哭，是由于白天兴奋过度或者做噩梦所致；有些宝宝入睡时突然滚动或哭闹，则可能是排尿的表现。对这些现象应针对性地处理。

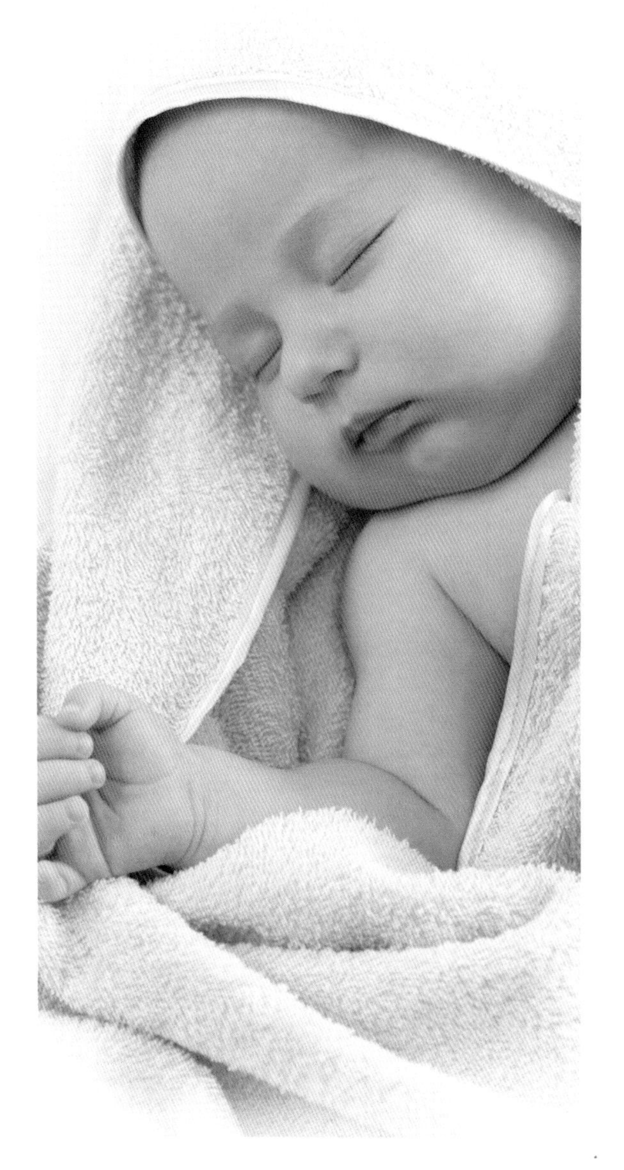

贴心小贴士

等到宝宝再大点时，可能晚上还会有不断咀嚼的情况。这可能是宝宝得了蛔虫病，或是白天吃得太多，消化不良。可以去医院检查一下。

比新生儿更容易“红屁股”

这个月的宝宝到后半夜后会睡上5~6个小时不吃奶，深睡眠时间也延长了，不再是尿了就哭，妈妈也睡得很香，潮湿的尿布浸着宝宝的小屁屁，很容易患臀红。如果夏天或盖得多，就更加严重。随着母乳量的增加，宝宝大便次数比新生儿期还多，一天可拉六七次，如果不及时更换有大便的尿布，更容易出现“红屁股”。

妈妈一旦发现宝宝“红屁股”应及时处理，每次排大便后用清水洗宝宝的屁屁，并涂上鞣酸软膏，是很有效的。

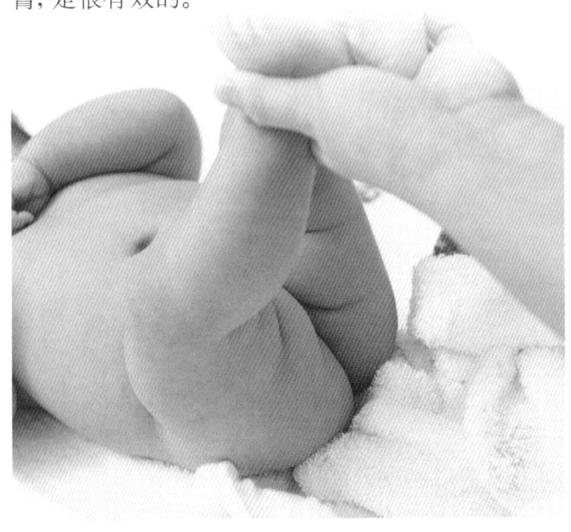

贴心小贴士

如果宝宝“红屁股”导致肛周皮肤溃破，细菌会入侵，造成肛周脓肿。肛周脓肿是小婴儿期比较严重的感染性疾病，会给宝宝带来很严重的痛苦，要做脓肿切开引流，如果治疗不及时还会引起肛瘘。

跟宝宝睡一张床好还是分开睡好

母婴同床的坏处

父母不忍心让宝宝独睡大多是因为心软，不忍心宝宝单独睡，二来也是为方便照顾。事实上当你将宝宝放在身边时，会出现许多隐患，比如你睡着了可能会压着宝宝，宝宝可能一整晚都呼吸着从你鼻子里呼出的废气，当宝宝习惯了你的气味和体温时，他独自在自己的小床上将很难入睡。从某种程度上来说，同床睡限制了宝宝从其他途径来获得安全感，同时养成了宝宝从小就依赖爸爸妈妈的习惯。宝宝越大，依赖性就越强，心理上的不安全感就越强烈，分床也就越困难，将来可能为了分床还是不分床进行一场持久的拉锯战，这最终会对宝宝的身心健康造成很大影响。

母婴分床的好处

当宝宝从小就睡在自己的小床上时，他就会努力通过感知、视觉等各种能力寻找安全感，比如听见父母的声音，看见父母的面容，感受父母的爱抚等，渐渐明白在自己需要的时候，父母就会及时出现，这些足够的安全感会令宝宝安然入睡，并且宝宝的各种感觉发展也得到了丰富的刺激。

建议宝宝出生后，妈妈可以给宝宝一个专门的小床，让宝宝自己睡。但是，在出生后的前6周，妈妈都应该将宝宝的小床放在自己的床边，因为宝宝需要频繁地哺乳。

宝宝晚上哭得厉害是什么原因

有的宝宝白天睡得很好，到了晚上就开始闹人，睡一会儿就哭，还非常难哄，爸爸妈妈精疲力尽。这是怎么回事呢？原因有很多，可能宝宝被惊吓了，需要安抚；可能一到晚上就没安全感等。要注意，如果确实宝宝没有任何问题，妈妈首先不要急躁，不要过分哄。不要大声"嗷嗷"抱着宝宝；爸爸妈妈也不要因为养育的问题彼此责怪，爸爸妈妈不愉快的情绪会使宝宝哭得更厉害。

安抚宝宝的方法

语言和抚触安慰：宝宝一受到惊吓，妈妈立刻用轻柔的声音安慰宝宝，同时进行肌肤的触摸，如用手顺着宝宝头发轻抚或者轻拍背部。亲人的声音和肢体接触能很快让宝宝得到安全感，最大限度地起到安抚作用。

转移注意力：换一个奇怪的姿势抱宝宝。如让宝宝脸朝下趴在你的手臂上，用你的手掌托起他的脸；也可以左手轻轻地晃荡，右手轻轻抚摸宝宝的背。视野掉了个头，宝宝会感觉奇怪，就忘了刚才受惊的事情了。或温柔地朝宝宝的额头连续吹气，他会立刻眨眼、深呼吸，重复几次他就忘了自己为什么哭了。也可以来一点小噪声。吸尘器开小挡、收音机调到两个电台之间、录音机放空带，宝宝可能会听着听着就睡着了。

给宝宝按摩：用婴儿润肤乳涂抹在宝宝的食指和中指尖的中心位置上，并加以轻揉，30~50下，宝宝会很快安静下来；如果宝宝因受惊不能入睡，你就用自己的指端按在宝宝十指的指头部位，每个手指按5下，对帮助宝宝入睡很有效。

贴心小贴士

1~2个月的宝宝已经能够感觉爸爸妈妈的语气，愤怒和抱怨的语气会使安静的宝宝变得烦躁。因此，家人对待幼小的宝宝要心平气和，无论宝宝哭闹得有多厉害。

2个月宝宝的早教

语言能力训练——教宝宝练习发音

宝宝学习语言时，有很强的模仿能力。爸爸妈妈说话时宝宝会很仔细地观察妈妈的唇形，因此，爸爸妈妈在说话时速度要慢，注意发音正确，尽量不要说方言。可以反复讲，虽然在刚开始时宝宝不一定能学会，但经过反复教，宝宝虽然还不会说但已经形成了记忆。

育儿指导

妈妈用亲切温柔的声音，面对着宝宝，使他能看得见妈妈的口型。妈妈可试着对他发单个韵母a（啊）、o（喔）、u（呜）、e（鹅）的音，或跟宝宝说："宝宝，叫ma_ma（妈妈），叫ba_ba（爸爸）。"

另外，妈妈还可在宝宝较开心时，拿一些带响、能动、鲜红色的玩具，在宝宝眼前摇晃，边摇晃边数："1、2、3；1、2、3……"这样可以促进宝宝发音器官的协调发展，让宝宝尽快发音。

教宝宝练习发音时间不宜持续过长，否则宝宝会失去兴趣而不和爸妈妈妈配合。

精细动作能力训练——让宝宝对自己的小手感兴趣

给宝宝在手上拴条红布，戴个哗啦作响的手镯等。这样宝宝会对自己的小手感兴趣，会经常玩耍、吸吮自己的手，能促进宝宝精细动作的发展。

育儿指导

妈妈教宝宝做以下练习，可以促进宝宝手部感知觉的发育，提高宝宝精细动作能力。

妈妈可将玩具塞到宝宝的两只小手里，并握住宝宝的小手指导宝宝抓握手中的玩具。

待宝宝会抓后，妈妈再把玩具从宝宝的手心移到边缘，看他能否主动抓握。

妈妈可将质地不同的旧手套洗净，塞入泡沫塑料，用松紧带吊在宝宝床上方其小手能够得着处，妈妈帮助宝宝握到吊起的手套。经常练习，宝宝就会主动去抓握吊起的玩具。

大动作能力训练——教宝宝做抬头、侧翻练习

抬头、侧翻训练能提高宝宝的身体协调性及主动性。妈妈可根据宝宝的发育规律进行训练。

育儿指导

训练抬头

俯卧抬头：使宝宝俯卧，两臂屈肘于胸前，妈妈在宝宝头上侧引逗他抬头，刚开始训练每次做30秒左右，以后可根据宝宝的训练情况逐渐延长至3分钟左右。

坐位竖头：将宝宝抱坐在妈妈的一只前臂上，宝宝的头背部贴在妈妈的前胸，妈妈一只手抱住宝宝的胸部，使宝宝面前呈现广阔的空间，注意到周围更多新奇的东西，这样可激发宝宝的兴趣，使宝宝主动练习竖头。也可让宝宝的胸部贴在妈妈的胸前和肩部，使宝宝的头位于妈妈肩部以上，用另一只手托住宝宝的头、颈、背，以防止宝宝的头后仰。

训练侧翻

转侧练习：用宝宝感兴趣的发声玩具，在宝宝的头部左右侧逗引，使宝宝的头部侧转注意玩具。每次训练2~3分钟，每日数次。可促进颈肌的灵活性和协调性，为侧翻身做准备。侧翻练习：宝宝满月后，可开始训练侧翻身。让宝宝仰卧，先用一个发声玩具，吸引宝宝转头注视。然后，妈妈一手握住宝宝的一只手，另一只手将宝宝同侧腿搭在另一条腿上，辅助宝宝向外侧侧翻注视，左右轮流侧翻练习。每日2次，每次侧翻2~3次。

写给妈妈的贴心话

经常和宝宝聊天有助于宝宝智力发育

从宝宝吃奶开始，妈妈就要记住经常和宝宝谈话聊天。这样也是一种沟通，对宝宝在婴幼阶段的智力发展大有好处。

别看宝宝还不会说话，当他们听到大人在对他们说话时，宝宝大脑的思维正在不断变换，他们所听到的任何一种语言都对他们的大脑皮层产生有效的刺激，促使他们的思维变得更加活跃、更加新鲜。在各种声响中，宝宝们对父母亲的语言刺激最敏感、最愿意接受。

✿ 育儿指导

这个时期的大部分宝宝已经有了牙牙学语的经历。妈妈应尽可能多地听宝宝喃喃自语，并及时予以回应，还可以和宝宝一起听歌谣。妈妈可以边听边哼唱，妈妈的声音能很好地刺激宝宝的大脑。这样反复听、反复哼唱，可以让宝宝的大脑不断得到良好刺激，为日后真正学说话打好基础。

除了多跟宝宝聊天外，妈妈还可在宝宝睡觉前跟宝宝讲一些童话故事。同时，也可在宝宝的床边的墙上粘贴一些颜色鲜艳的画，多为动物，每天指着画教宝宝看图识物。虽然宝宝不会开口说话，但他们处在听和潜在模仿阶段，听多了，当再次念到图画中事物的名称时，宝宝就会不自觉地朝那画看去，这有利于宝宝早期启蒙教育。

宝宝喜欢妈妈的亲吻

亲吻，不仅是让宝宝知道妈妈爱他有多深的最佳方式，而且可以让双方感觉平静和放松。

育儿指导

当宝宝哭闹的时候，作为妈妈，应该抱起宝宝，安慰宝宝并轻轻地亲吻宝宝。虽然并没有证明这种举措有医学价值，但是亲吻常能很快使宝宝情绪稳定，不再哭闹。随着宝宝渐渐长大，他喜欢妈妈的皮肤抚触他的皮肤的感觉。亲吻会成为妈妈催眠宝宝技巧的一部分。轻柔地抚摸宝宝的肚子、手臂和腿，然后用唇轻吻宝宝，宝宝会慢慢地放松并进入甜美的梦乡。

抱着宝宝散步，培养宝宝的好奇心

尽管宝宝现在还很小，但却对身边的很多东西都好奇。妈妈不要总是将宝宝放在床上或摇篮里，这样会抑制他的好奇心。

育儿指导

妈妈可以抱着宝宝在屋内散步，观察他在看什么东西，对什么东西感兴趣。看宝宝正在注意哪样东西，然后把这件东西指出来并告诉宝宝。例如看到洗衣机，就可以告诉宝宝："这是咱家的洗衣机，洗衣机是用来洗衣服的。"

不要在乎宝宝懂不懂，只管讲给他听，日后他就慢慢会知道是怎么回事了。重要的是宝宝很喜欢妈妈抱着他在屋子里边散步边和他说话，这是一种很好的传递爱意的方式。

Part 3 3个月宝宝

出生后前 3 个月是宝宝身高增长最快的一个阶段，满 3 个月后宝宝的身高增长速度会缓下来，与上个月一样，这个月宝宝身高增长约 3.5 厘米。有时候宝宝并不会每天都长高，还有的宝宝这个月没有长多少，但下个月却猛增了上来，如果宝宝其他一切正常，爸爸妈妈也不必担心。

宝宝的体重增长受营养、健康、疾病的影响比较大，有时候体重也是衡量宝宝体格和营养状况的指标，在半岁前宝宝的体重增长都会比较迅速，大部分宝宝这个月体重会增加 1 千克左右，与身高一样，也会有个体差异。

身体发育标准

身高·体重·头围·胸围

		女宝宝	男宝宝
3个月	身高	57.2~66.0厘米，平均61.6厘米	58.4~67.6厘米，平均63.0厘米
	体重	5.0~7.8千克，平均6.4千克	5.4~8.5千克，平均6.9千克
	头围	37.7~42．5厘米，平均40.1厘米	38.4~43.6厘米，平均41.0厘米
	胸围	36.5~42.7厘米，平均39.6厘米	37.4~45.3厘米，平均41.4厘米

3个月宝宝的喂养

三个月宝宝每天吃多少奶好

母乳喂养

一般情况下，在这个月中母乳喂养的宝宝吃奶的次数是有规律的，除夜里以外，白天只要喂5次，每次间隔4小时，夜晚只喂一次母乳即可。

母乳的量是否能够满足宝宝的需要，可以用称体重的方法来衡量。如果体重每天能增加20克左右，或10天称一次，每次增加200克左右，说明母乳喂养可以继续，不需增加任何代乳品；当宝宝体重平均每天只增加10克左右，或夜间经常因饥饿而哭闹时，就可以再增加1次哺乳。

人工喂养

奶粉喂养的宝宝每天所需的总奶量最好保持在1000毫升以内。如果每天喂5次，每次可喂200毫升，相当于1杯水的量，若超过了这个范围，容易使宝宝发生肥胖，有的还会导致厌食。

宝宝总是吃吃停停是怎么回事

3个月以内的宝宝，吃奶时总是吃吃停停，吃不到三五分钟，就睡着了；睡眠时间又不长，半小时或1小时又醒了。这是怎么回事呢？

妈妈乳量不够，宝宝吃吃睡睡，睡睡吃吃。

人工喂养的宝宝，由于橡皮奶头过硬或奶洞过小，宝宝吸吮时用力过度，容易疲劳，吃着吃着就累了，一累就睡，睡一会儿还饿。

育儿指导

妈妈奶量不足，给宝宝喂奶时要用手轻挤乳房，帮助乳汁分泌，宝宝吸吮就不大费力气了。两侧乳房轮流哺乳，每次15~20分钟。也可以先喂母乳，然后再补充代乳品（如配方奶）。

人工喂养的宝宝，确定奶嘴洞口大小适中的方法，一般是把奶瓶倒过来，奶液能一滴一滴迅速流出。另外，喂奶时要让奶液充满奶嘴，不要一半是奶液一半是空气，这样容易使宝宝吸进空气，引起打嗝儿，同时造成吸吮疲劳。无论母乳喂养或人工喂养，婴儿吃奶后能安稳睡上2~3个小时，说明吃奶正常。如果母乳不足，宝宝吃吃睡睡，妈妈可轻捏宝宝耳垂或轻弹足心，叫醒喂奶。

特殊情况处理

有的宝宝吃得少，好像从来不饿，给奶就漫不经心地吃一会儿，不给奶吃，也不哭闹，没有吃奶的愿望。对于这样的宝宝，妈妈可缩短喂奶时间，一旦宝宝把乳头吐出来，把头转过去，就不要再给宝宝吃了，过两三个小时再给宝宝吃，这样每天摄入的奶量总量并不少，足以供给宝宝每天的营养需求。

贴心小贴士

给宝宝喂奶时，妈妈要选择安静无外界干扰的地方。妈妈在喂奶时也不要逗宝宝，让宝宝安静地吃。

宝宝怎样喝水更科学

宝宝喝水的量

一般3岁以内的宝宝，每次饮水量不应超过100毫升，3岁以上可增至150毫升。给宝宝喂水时，如果宝宝不愿意喝的话，妈妈也不要勉强，这说明宝宝体内的水分已够了。只要宝宝的小便正常，可根据实际情况让宝宝少量多次饮水。如果宝宝出汗多，应给宝宝增加饮水的次数，而不是饮水量。

选择适宜的水

白开水是宝宝最佳的选择。煮沸后冷却至20～25℃的白开水，具有特异的生物活性，它与人体内细胞液的特性十分接近，所以与体内细胞有良好的亲和性，比较容易穿透细胞膜，进入细胞内，并能促进新陈代谢，增强免疫功能。

宝宝喝水的时间

宝宝口渴了也不会说，所以，全靠妈妈平时的观察。如果发现宝宝不断用舌头舔嘴唇，或见到宝宝口唇发干，或应换尿布时没有尿等现象都提示宝宝需要喝水了。另外，一般在两次喂奶之间，在户外时间长了、洗澡后、睡醒后等都要给宝宝喝水。

怎样做宝宝不易缺乏营养

日常生活中，哺乳妈妈只要饮食搭配合理、不挑食、偏食，不吃过“精”食物，就可保证奶水中微量元素的充足。若宝宝检测出缺乏某种微量元素，应有针对地进行补充。

补充营养元素要缺什么补什么

宝宝缺少某种营养时，妈妈通常也缺乏，这样就可以由妈妈担负主要的补充任务，然后通过母乳补给宝宝。

妈妈也不一定总和宝宝一致，只是宝宝自己缺少某种元素时，待宝宝能吃的辅食更多时，可以把相关食物做成粥或煮煮浓汤喂给宝宝吃。食疗补充仍然不足的，可根据医生的建议酌量补充营养保健品或药品。

不要忽视给宝宝补钙

0~3岁是宝宝发育的重要阶段，如果缺钙，就会直接影响到骨骼与牙齿的健康。许多妈妈自身就缺钙，所以我们提倡妈妈在孕期和哺乳期都应注意钙的补充。

喂母乳的妈妈可多吃一些含钙较高的食物，如海带、虾皮、豆制品、芝麻酱等，或直接吃钙片。牛奶中钙的含量也是很高的，妈妈可以每日坚持喝500克牛奶，也可以补充钙片，另外多晒太阳以利钙的吸收。如果母乳不缺钙，母乳喂养儿在三个月内可以不吃钙片，只需要从出生后三周开始补充鱼肝油就可。尤其是寒冷季节出生的宝宝更要注意钙的补充。

如果是人工喂养的宝宝应在出生后两周就开始补充鱼肝油和钙剂。鱼肝油中含有丰富的维生素A和维生素D。如果是早产儿更应及时、足量补充。注意：维生素D的补充每日不能超过800国际单位，否则长期过量补充会发生中毒反应。

贴心小贴士

宝宝这时期的辅食最好不要添加食盐，或添加极少量的盐。吃盐多，不仅尿钙量增加，骨钙的流失也增加，这样补多少钙都是无用功。

宝宝肚子经常叽里咕噜是怎么回事

宝宝出现这种肚子叽里咕噜的叫声，是胃肠道蠕动的声音。正常情况下在宝宝饥饿时可听到，但在胃肠胀气、胃肠消化功能紊乱、肠蠕动过快时也会有比较明显和频繁的响声。

当发现宝宝肚子有叽里咕噜的叫声时，首先应观察宝宝精神、吃奶以及大便的情况，若无异常改变，那么可不必担心。

如果宝宝大便前有哭闹，妈妈能听到宝宝肚子发出的叽里咕噜的响声，可能是宝宝有些不适应，大便后即恢复正常，一般没有太大的问题的。如果宝宝大便次数明显增多或者影响宝宝饮食、精神等，应到医院详细检查治疗。

另外，宝宝吞食过多的空气也会引起肚子叽里咕噜地响，如用奶瓶给宝宝喂食时，没将奶液充满奶瓶嘴的前端；奶瓶的奶嘴孔大小不适当，或瓶身倾斜时，空气经由奶嘴缝隙让宝宝吸入肚内。所以，妈妈要选择大小合适的奶嘴，并采用正确的喂奶方式来喂养宝宝。喂奶之后，轻轻拍打宝宝背部来促进打嗝儿，使肠胃的气体由食道排出。

贴心小贴士

如果宝宝添加辅食后肚子也出现叽里咕噜的响声，妈妈要暂时停止给宝宝喂容易在消化道内发酵并产生气体的食物，例如甘薯、苹果、甜瓜等辅食。

3个月宝宝的护理

给宝宝选择合适的枕头

宝宝长到3个月后开始学习抬头，脊柱就不再是直的了，脊柱颈段开始出现生理弯曲，同时随着躯体的发育，肩部也逐渐增宽。为了维持睡眠时的生理弯曲，保持身体舒适，就需要给宝宝用枕头了。

给宝宝选择枕头的原则

枕头的软硬度

宝宝的枕头软硬度要合适。过硬易造成扁头、偏脸等畸形，还会出现枕秃；过松而大的枕头，会使月龄较小的宝宝出现窒息的危险。

枕芯的选择

枕芯的质地应柔软、轻便、透气，使用吸湿性好的材料，可选择灯芯草、荞麦皮、蒲绒等材料填充，也可用茶叶、绿豆皮、晚蚕沙、竹菇、菊花、决明子等填充，塑料泡沫枕芯透气性差，最好不用。

枕头的高度

宝宝的枕头过高或过低，都会影响呼吸通畅和颈部的血液循环，导致睡眠质量不佳。宝宝在3~4个月时可枕1厘米高的枕头，以后可根据宝宝不断地发育，逐渐调整枕头的高度。

> **贴心小贴士**
>
> 枕芯一般不易清洗，所以要定期晾晒，最好每周晒一次。而且要经常活动枕芯内的填充物，保持松软、均匀。最好每年更换一次枕芯。

枕头的大小和形状

宽度与头长相等。枕头与头部接触的位置应尽量做成与头颅后部相似的形状。

枕套的选择

枕套最好用柔软的白色或浅色棉布制作，易吸湿透气。一般推荐使用纯苎麻，它在凉爽止汗、透气散热、吸湿排湿等方面效果最好。

给宝宝选择合适的睡袋

睡袋的款式非常多，只要根据宝宝的睡觉习惯，选择适合宝宝的睡袋就好。比如宝宝睡觉不老实，两只手喜欢露在外面，并做出“投降”的姿势，妈妈就可以选择背心式的睡袋，怕宝宝着凉也可以选择带袖的，晚上可以不脱下来也一样方便。

选择睡袋的时候，爸妈妈妈一定要考虑居所所在地的气候因素，还要考虑自己的宝宝属于什么类型的体质，然后再决定所买睡袋的薄厚。建议妈妈选择抱被式和背心式睡袋，两者搭配使用。考虑到现在的布料印染中的不安全因素，建议妈妈尽量选择白色或浅色的单色内衬睡袋。

另外，特别要注意一些细小部位的设计，比如拉链的两头是否有保护装置，要确保不会划伤宝宝的肌肤；睡袋上的扣子及装饰物是否牢固，睡袋内层是否有线头等。

宝宝需要用护肤品吗

需不需要用护肤品要根据宝宝的皮肤情况来决定。一般来说，如果是夏天，宝宝皮肤比较水润的话，无须用护肤品，每天用温开水给宝宝擦洗即可。尤其是刚出生的宝宝，皮肤比较娇嫩，对环境的适应也还处于过渡时期，加上市面上所销售的护肤品也不并不是像宣传所说的那样无刺激、无伤害的。所以，能不用尽量不用。

但是，有的宝宝天生属于干性皮肤，加上如果是冬天的话，空气很干燥，宝宝容易脱皮、干裂，这时就有必要给宝宝涂沫一些护肤品了。一定要选用宝宝专用的护肤品。

此外，因为妈妈和宝宝时常接触，所以建议妈妈也使用宝宝润肤霜比较好。

贴心小贴士

给宝宝使用护肤品时绝对不能用成人护肤品，也不要追求名牌或价格昂贵的产品，主要是要适合宝宝的皮肤。

宝宝身上长痱子怎么办

宝宝皮肤娇嫩，往往很容易生痱子，父母一定要特别注意。痱子初起时是一个针尖大小的红色丘疹。月份较大的宝宝会用手去抓痒，皮肤常常被抓破，发生继发皮肤感染，最终形成疖肿或疮。

防治痱子的方法

经常用温水洗澡，浴后揩干，扑撒痱子粉。痱子粉要扑撒均匀，不要过厚。不能用肥皂和热水烫洗痱子。出汗时不能用冷水擦浴。如出现痱疖时，不可再用痱子粉，可改用0.1%的升汞酒精。

宝宝衣着应宽大通风，保持皮肤干燥，对肥胖儿、高热的宝宝，以及体质虚弱多汗的宝宝，要多洗温水澡，加强护理。

痛痒时应防止搔抓，可将宝宝的指甲剪短，也可采用止痒敛汗消炎的药物（最好咨询医生后使用），以防继发感染引起痱疖。

患痱子严重的宝宝尽量减少外出活动，尤其是要避开紫外线强的时候。

宝宝应避免吃、喝过热的食品，以免出汗太多。如果宝宝因缺钙而引起多汗，应在医生的指导下服用维生素D制剂、钙剂。

在暑伏季节，宝宝的活动场所及居室要通风，并要采取适当的方法降温。宝宝睡觉时要常换姿势，出汗多时要及时擦去。

贴心小贴士

如果痱子没来得及处理好，出现了脓肿，妈妈不要自行擦药膏，应及时去医院诊治。

最好不要使用蚊香和杀虫剂来防蚊

蚊香毒性虽不大，但由于婴幼儿的新陈代谢旺盛，皮肤的吸收能力也强，使用蚊香对宝宝身体健康有碍，最好不要常用，如果一定要用，尽量放在通风好的地方，切忌长时间使用。

宝宝房间绝对禁止喷洒杀虫剂。妈妈可以在暖气罩、卫生间角落等房间死角定期喷洒杀虫剂，但要在宝宝不在的时候喷洒，并注意通风。

被蚊子咬了怎么处理

一般的处理方法主要是止痒，可外涂虫咬水、复方炉甘石洗剂，也可用市售的止痒清凉油等外涂药物，或涂一点宝宝专用的花露水。

如果宝宝皮肤上被叮咬的数目过多，症状较重或有继发感染，最好尽快送宝宝去医院就诊，可遵医嘱内服抗生素消炎，同时及时清洗并消毒被叮咬的部位，适量涂抹红霉素软膏。

贴心小贴士

如果是男宝宝的小鸡鸡被蚊虫叮咬后出现水肿，不能随便用药，应先用冷毛巾敷一下，再涂抹一点花露水。如果水肿仍没好转，应立即去看医生。

如何给宝宝吹风扇和空调

电风扇要安置在离宝宝远一些的地方，千万不能直接对着宝宝吹，应选择适当的地方放置风扇，使空气流通，室温降低，并达到散热的目的。

宝宝吹风扇的时间不能太长，风量也不能太大。

宝宝吃饭睡觉时绝对不能直接对着风扇吹。

如果使用空调，则空调的温度不要调得太低，以室温26℃为宜；室内外温差不宜过大，比室外低3～5℃为佳。另外，夜间气温低，应及时调整空调温度。

由于空调房间内的空气较干燥，应及时给宝宝补充水分，并加强对干燥皮肤的护理。

每天至少为宝宝测量一次体温。

定时给房间通风，至少早晚各一次，每次10～20分钟。大人应避免在室内吸烟。如宝宝是过敏体质或呼吸系统有问题，可在室内装空气净化机，以改善空气质量。

空调的除湿功能要充分利用，它不会使室温降得过低，又可使人感到很舒适。

出入空调房，要随时给宝宝增减衣服。

不要让宝宝整天都待在空调房间里，每天清晨和黄昏室外气温较低时，最好带宝宝到户外活动，让宝宝呼吸新鲜空气，进行日光浴，加强身体的适应能力。

贴心小贴士

空调最好选择健康型的，如能更换空气有负离子光触媒等功能的空调。

怎样喂药宝宝不那么抗拒

宝宝服药不同于成年人，宝宝的吞咽能力差，而且味觉特别灵敏，对苦涩的药物往往是拒绝服用，或者服后即吐，很难与大人配合。这个时候，千万不可强行给宝宝灌药，而应该找到正确的方法，熟悉宝宝的脾气，以顺利完成喂药的艰巨任务。

喂药方法

给宝宝喂药时可将宝宝的头与肩部适当抬高，防止呛咳。先用拇指轻压宝宝的下唇，使其张口（有时抚摸宝宝的面颊，宝宝也会张口）。然后将药液吸入滴管或橡皮奶头内，利用宝宝吸吮的本能吮吸药液。

有些宝宝常因药苦或气味强烈而不敢服用，这时可采用一些不会影响药物效果、又可以让宝宝安心服下药物的方法，如有些药物可加入果汁或糖浆一起服用。但是有些妈妈喜欢把药物加到牛奶里给宝宝吃，这样做是完全错误的。因为很多药物不适合与牛奶一起服用，会降低药物的功效。

服完药后再喂些水，尽量将口中的余液全部咽下。如果宝宝不肯吞咽，则可用两指轻捏宝宝的双颊，帮助其吞咽。服药后要将宝宝抱起，轻拍背部，以排出胃内空气。

贴心小贴士

成人用药不能随便给宝宝吃，即使减量也不可以。有一些药物有一定的不良反应，服药后要小心观察。有些体质过敏的宝宝，在服用奶热、止痛药或抗癫痫药物后可能有过敏反应，一旦发现宝宝服药后有任何不适，就要立即停药并咨询医生。

带宝宝游泳要注意什么

首先必须经过体格检查，曾患过某种疾病的宝宝，必须经过医生的认可，方可参加游泳。

看宝宝是否吃饱，通常要在宝宝吃奶后半小时到1小时进行游泳。

水温要在36～38℃，月龄小的宝宝水温高一些，月龄大的宝宝水温低一些。

宝宝游泳应在大澡盆或游泳池内进行，要由大人带着一起下水。开始扶住宝宝腋下在水中上下浮动，也可以平卧在水中而露出头部。宝宝习惯后，可以托住他的头和身体在水中移动前进，让四肢自由划动。让宝宝入水时有一个适应的过程，千万不可直接放入水中，避免惊吓宝宝。

在宝宝游泳时，妈妈不能离开宝宝半臂之内，不能暂时丢下宝宝去接电话、开门、关火等，如果必须去，一定把宝宝用浴巾包好抱在手里，以防止意外发生。

在每次游泳前，应做好辅助器材的准备工作。辅助器材包括充气背带，泡沫塑料制作的浮具，一些能在水上漂浮的、色彩鲜明的儿童玩具。用游戏圈的话，注意泳圈的型号和宝宝是否匹配，泳圈的内径要稍稍大于宝宝的颈圈。给宝宝套圈时动作要轻柔，入水时动作要缓慢。

宝宝游泳最多每星期2次，每次15分钟左右就好了。泳池里的水一定要坚持换新的，特别是有味道的水。如果有塑胶味，那就在里面放点水浸泡几天，等味道消失了再给宝宝用。

贴心小贴士

宝宝出水上岸后，妈妈应该用大浴巾包裹他的身体，然后迅速擦干全身，穿上衣服，衣服可稍稍多穿一些，以利保暖。而且在宝宝游泳后，妈妈应观察其身体反应，如有不适或生病，应及时减少游泳时间，或暂时中止游泳。

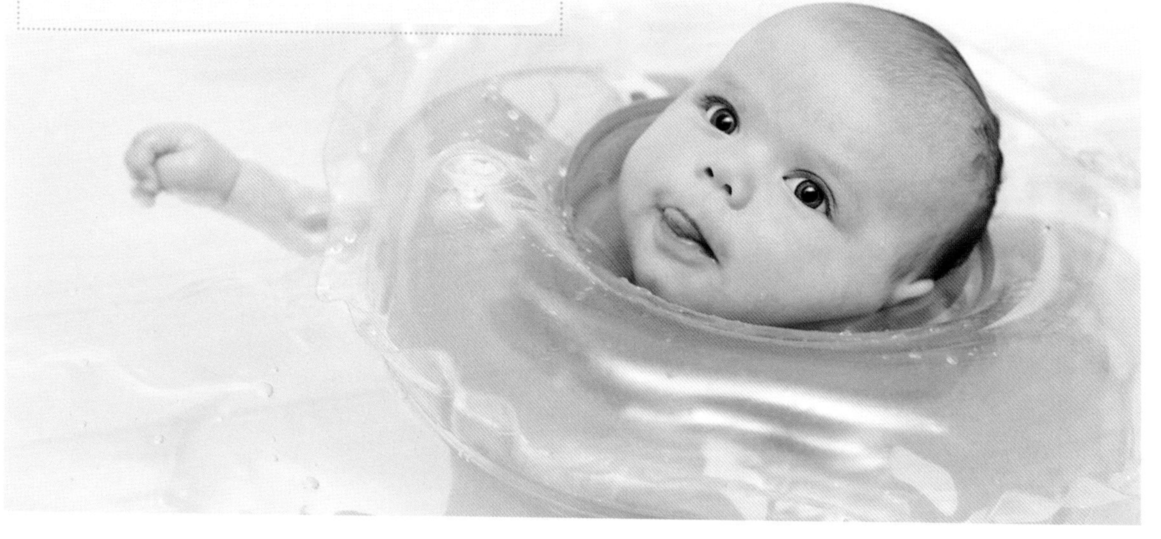

给宝宝用安抚奶嘴好不好

两到三个月的宝宝口唇感觉敏锐，他们可能学会了吮手，安抚奶嘴的作用是替代手指，相对吸吮手指不卫生、可能影响牙齿、口腔发育的情况，安抚奶嘴能消毒，同样也能起到安抚宝宝情绪的作用。

不过安抚奶嘴的使用一定要妥当，否则会给宝宝造成不好的影响。如使用时间超过1岁、每天应用过频、安抚奶嘴选择不当等，会导致宝宝日后牙齿受损，表现为出牙延迟、牙齿长得不整齐、牙齿重叠等。

正确使用安抚奶嘴

宝宝学会吸吮母乳前，最好不要让宝宝使用奶瓶，以免造成“乳头错觉”，影响母乳喂养。

安抚奶嘴在帮助宝宝顺利入睡后要轻轻取走，不要让宝宝一整晚都含着它。

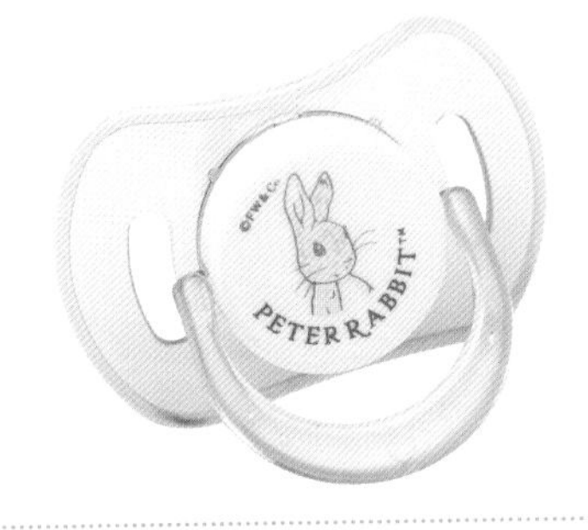

贴心小贴士

有的医生会告诉妈妈尽量不要让宝宝使用安抚奶嘴，但有的书本、杂志上又说安抚奶嘴可以用，其实这个矛盾的症结在于使用时间。安抚奶嘴确实能纠正宝宝咬手的习惯，但长久使用也会演变成坏习惯，宝宝六七个月大时就要考虑停用。

注意安抚奶嘴的卫生，每天清洁并消毒，当它掉在地上或碰到脏物时，立即清洗干净，以免将细菌带入宝宝嘴里。

如果安抚奶嘴出现老化、有裂纹，变形破损等情况，要及时更换，但不要经常更换安抚奶嘴的类型。

使用安抚奶嘴的时间不要太长，最好能在宝宝10个月至1岁时渐渐停止使用。

3个月宝宝的早教

语言能力训练——妈妈教宝宝拟声语

宝宝（尤其是做到呼名胎教的宝宝）到这个月，可能会发出一两个音，如“啊咕”“啊呜”等，渐渐地能模仿大人的口形发出声音。

育儿指导

妈妈可以教宝宝小猫“喵喵”，小羊“咩咩”，小狗“汪汪”，火车“呜呜”等拟声语。这类拟声语比较容易发音。妈妈可以对宝宝说“狗狗”“嘟嘟”“玩玩”等。随着年龄增长、词汇增加，小宝宝更能熟练运用。

若妈妈听到宝宝发音，一定要及时地给予回应，最好语调及语气都能丰富一些。如宝宝发出了笑声，妈妈可以亲切和蔼地说：“宝宝真可爱，再笑一个”；如爸爸轻拍了一下宝宝，宝宝发出了一种不满的声音，妈妈可以用命令式的口吻对着爸爸说：“不准打我们家宝宝啊”……总之，就是要用多变的语调和语气回应宝宝的发音。这对宝宝练习发音，发展宝宝的语言能力很有帮助。

精细动作能力训练——训练宝宝抓东西

宝宝本能地喜欢用小手去抓自己喜欢的东西，而且一旦抓住了就不容易撒手，因为对于宝宝来说，放手比抓握更难掌握。有时我们想让宝宝放下手中的东西，不得不去扳开宝宝的小手，但宝宝似乎并不喜欢被强迫放开手。

当宝宝能很轻易地放开手里的物体时，他就又前进了一大步，证明宝宝控制放手的肌群已学会如何对付控制抓握的肌群，这两种相对立的肌群已能一起工作了。

育儿指导

从3个月起，宝宝就会试着抓东西，这时，妈妈可以经常把宝宝抱在怀里，用玩具或者食物引逗宝宝伸手抓。不要把物件放在宝宝抓不着的地方，只要能抓到手，就达到了游戏和训练的目的。

宝宝把东西抓到手后，要给他玩一会儿，然后再慢慢从他小手中拿出来，再让他伸手抓。如果不放手，可以让他多抓一会儿。每当宝宝抓到玩具后，就会兴奋，妈妈要用语言、微笑和爱抚鼓励他。

妈妈还可在宝宝看得见的地方悬吊带响玩具，扶着他的手去够取、抓握、拍打。每日数次，每次3~5分钟。培养宝宝手眼协调能力和宝宝的动手技能。

大动作能力训练——培养宝宝翻身能力

3个月的婴儿一般能从仰卧翻到侧卧，这时就可以训练宝宝翻身。

育儿指导

训练宝宝翻身的方法：

有侧睡习惯的宝宝

有侧睡习惯的宝宝，学翻身比较容易，只要在宝宝左侧放一个有意思的玩具或一面镜子，再把宝宝的右腿放到左腿上，再把宝宝的一只手放在胸腹之间，轻托右边的肩膀，轻轻在背后向左推就会转向左侧。重点练习几次后，妈妈不必推动，只要把腿放好，用玩具逗引，宝宝就会自己翻过去。慢慢地，不必放腿就能做90°的侧翻。再往后可用同样的方法，做帮助宝宝从俯卧位翻成仰卧位。

没有侧睡习惯的宝宝

妈妈可让宝宝仰卧在床上，手拿宝宝感兴趣能发出响声的玩具分别在宝宝侧面逗引，对宝宝说："看多漂亮的玩具啊！"训练宝宝从仰卧位翻到侧卧位。宝宝完成动作后，可以把玩具给宝宝玩一会儿作为奖赏。

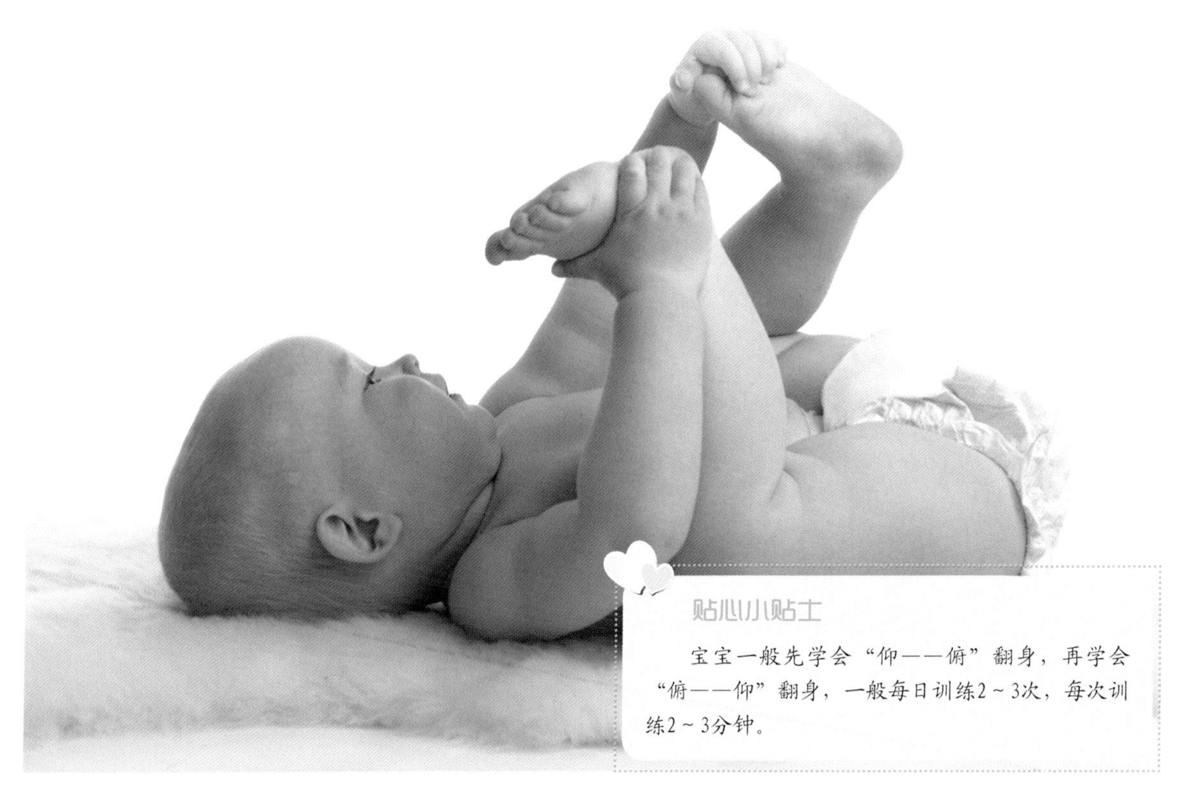

贴心小贴士

宝宝一般先学会"仰——俯"翻身，再学会"俯——仰"翻身，一般每日训练2～3次，每次训练2～3分钟。

写给妈妈的贴心话

宝宝会耍小脾气了

这么大的宝宝开始会耍小脾气了，这不奇怪。宝宝会突然无缘无故地哭闹，怎么哄也哄不好，给奶不吃，放下不行，就像有针扎似的，抱着不行，使劲打挺，妈妈几乎抱不住，什么办法也不好使了。

育儿指导

当宝宝耍脾气时，这时最好的办法是换一换人哄宝宝，最好让爸爸抱一抱宝宝，宝宝会变安静。如果爸爸不在家，就带宝宝到外面去，换个环境，宝宝可能突然就不哭了。

宝宝开始依恋妈妈

我们都有这样的印象：当妈妈不在身边时，宝宝会四处张望寻找妈妈的身影，如果妈妈出现，宝宝就会两眼放光，兴奋起来。这就是宝宝对妈妈的依恋，在出生一到两个月时，宝宝对妈妈的依恋还仅仅停留在奶香、熟悉的心跳和味道上，到三四个月时宝宝便能认清人的脸，在所有的人中，宝宝对妈妈更为偏爱，给予妈妈更多的微笑和咿呀之语，从这时起宝宝对妈妈的依恋就转变成情感上的依恋了，从每天朝夕相处的妈妈身上，获得了对外部世界最初的信任感和安全感。

育儿指导

这个时期妈妈要多陪伴宝宝，当他睡醒后，最喜欢有人在他身边照料他、逗引他、爱抚他、与他交谈玩耍，这时他才会感到安全、舒适和愉快。

另外，在给宝宝哺乳时他喜欢边吃边用眼睛直视妈妈的眼睛，这其实就是宝宝情感发育中的视觉需要。如果妈妈没有注意到而不理睬宝宝，宝宝失去这种交流便容易在吃奶时烦躁不安，对于人工喂奶的宝宝来说，这种交流更不应被忽略。

用母爱培养宝宝的好性格

宝宝的气质和性格特征在很大程度上受制于母亲对婴儿的态度和方式。0~1岁的宝宝没有自理能力，他们的生活完全依赖于母亲的照顾，生活上吃、喝、拉、撒、睡等事情往往很烦琐，在每天的生活中，母亲的性格特征、育儿方式、待人接物、兴趣爱好、言行举止都在潜移默化地影响着宝宝的性格。一个温柔细致、有条不紊的母亲育儿会显得细致周到、呵护有加，将来宝宝往往也会表现出谨慎细心的性格特征；直来直往、风风火火的母亲也往往会带出一个外向活跃、不拘小节的宝宝。

育儿指导

宝宝不只有生理需求，还有心理需求，他们会要求和爸爸妈妈有心灵上的相互交流与沟通。当他们哭的时候希望有人回答，笑的时候希望有人对着他们笑，需要妈妈和家人能常常给予自己爱抚、触摸和搂抱。所以，妈妈要每天多给宝宝一些亲吻、触摸、拥抱、微笑，对宝宝的心理健康将十分有益。

Part 4

4个月宝宝

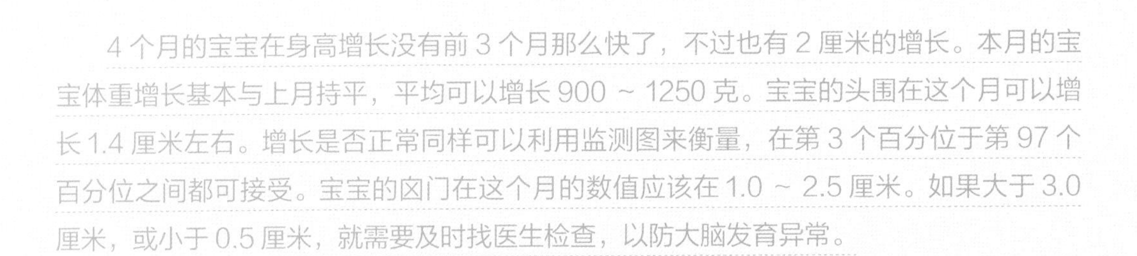

4个月的宝宝在身高增长没有前3个月那么快了，不过也有2厘米的增长。本月的宝宝体重增长基本与上月持平，平均可以增长900～1250克。宝宝的头围在这个月可以增长1.4厘米左右。增长是否正常同样可以利用监测图来衡量，在第3个百分位于第97个百分位之间都可接受。宝宝的囟门在这个月的数值应该在1.0～2.5厘米。如果大于3.0厘米，或小于0.5厘米，就需要及时找医生检查，以防大脑发育异常。

身体发育标准

身高·体重·头围·胸围

		女宝宝	男宝宝
4个月	身高	58.6~68.2厘米，平均63.4厘米	59.7~69.5厘米，平均64.6厘米
	体重	5.5~8.5千克，平均7.0千克	5.9~9.1千克，平均7.5千克
	头围	38.8~43.6厘米，平均41.2厘米	39.7~44.5厘米，平均42.1厘米
	胸围	37.3~44.9厘米，平均41.1厘米	38.3~46.3厘米，平均42.3厘米

4个月宝宝的喂养

宝宝不肯吃奶粉怎么办

妈妈们在遇到宝宝不吃奶粉时可以先试一试以下方法。

首先，妈妈可选择接近妈妈奶头的奶嘴。当宝宝感觉饿时，妈妈就可以试着用奶瓶给宝宝喂奶了。喂食前，可将奶嘴用温水冲一下，让它和人体温度相近。然后妈妈用衣服将宝宝包着，奶瓶也可贴近妈妈身体，接着，不要将瓶嘴放入宝宝的口中，而是把瓶嘴放在旁边，让宝宝自己找寻瓶嘴，主动含入嘴里。也可在宝宝睡着的时候，把奶瓶放入他的嘴中。

如果宝宝能接受奶头却仍不肯吃奶，你可以试着挤出母乳在奶瓶里给宝宝吃，如果他接受了，说明他可能不喜欢奶粉的味道，而不是不愿意用奶瓶。可以换一个接近母乳味道的牌子试试。另外，把奶粉调淡一点、冷一点或热一点也许更容易使宝宝接受。

贴心小贴士

妈妈不可因为宝宝不吃奶粉，心里着急，就强行喂给宝宝吃。一般宝宝会越强迫越不吃，只会适得其反。

妈妈上班后怎么进行母乳喂养

许多妈妈在宝宝4个月或6个月以后就要回单位上班了，但这个时候并不是让宝宝断掉母乳的最佳时间，妈妈要克服困难，继续坚持母乳喂养。

妈妈在上班前半个月就应做准备，以便给宝宝一个适应过程。妈妈可在正常喂奶后，挤出部分奶水，让宝宝学会用奶瓶吃奶。另外，也要让宝宝吃一些配方奶，可以慢慢适应除母乳以外的其他奶制品的味道。这样做还能防备妈妈随时可能母乳不足需要添加配方奶时，宝宝不接受橡皮奶头。

如果妈妈希望宝宝完全吃母乳，或宝宝对奶粉过敏的话，可上班时携带奶瓶，收集母乳。在工作休息时间及午餐时在隐秘场所挤乳，如员工宿舍。

奶挤好后立即放在保温杯中保存，里面用保鲜袋放上冰块，或放在单位的冰箱中。下班后携带奶瓶仍要保持低温，到家后立即放入冰箱。所有储存的母乳要注明吸出的时间，每次便于取用。

贴心小贴士

挤奶的时间尽量固定，建议在工作时间每3个小时吸奶一次，每天可在同一时间吸奶，这样到了特定的时间就会来奶。

教你正确挤母乳的方法

手工挤奶法

首先用肥皂洗净手，取坐位或立位均可。挤右侧乳房时以左手为主，挤左侧乳房时以右手为主。以拇指与食指呈“C”字形或倒“C”字形放在乳晕外围，先向胸壁压入再挤，即可施力于输乳室，使奶水流出。一般，在乳房柔软时较易用手挤。用手挤另一种方式是将食指与中指放在乳晕下方，拇指在乳晕上方。然后用指头的力量先往胸壁内挤压，再用捏手印的方式将输乳室往前挤压。接奶的容器要先消毒。

热瓶挤奶法

对于一些乳房肿胀疼痛严重的妈妈来讲，由于乳头紧绷，用手挤奶很困难，可用热瓶挤奶法。

取一个容量为1升的大口瓶(注意瓶口的直径不应小于2厘米)，用开水将瓶装满，数分钟后倒掉开水。然后用毛巾包住拿起瓶子，将瓶口在冷水中冷却一下。将瓶口套在乳头上，不要漏气。一会儿工夫，瓶内形成负压，乳头被吸进瓶内，慢慢地将奶吸进瓶中。待乳汁停止流出时，轻轻压迫瓶子周围的皮肤，使空气进入，瓶子就可被取下了。

吸奶器挤奶法

妈妈若感到奶胀且疼得厉害时，可使用手动或电动吸奶器来辅助挤奶。吸奶器可在商店购买，使用方法上面也会有标明，只是要注意：每次使用前须先消毒。

挤出来的母乳怎么储存

母乳储存时间不宜长，室温可储存8小时，冰箱（4～8℃）存48小时，−18℃以下存3个月。

储存母乳的方法

储存挤下来的母乳要用干净的容器，如消毒过的塑胶桶、奶瓶、塑胶奶袋等。如果长期存放母乳，最好不要用塑胶袋装，用其他容器也不要装得太满或把盖子盖得太紧，以防冷冻结冰而胀破。最好按每次给宝宝喂奶的量，把母乳分成若干小份来存放，每一小份母乳上贴上标签并记上日期，以方便家人或保姆给宝宝合理喂食且不浪费。

解冻母乳的方法

加热解冻：把装奶的奶瓶隔水加热(水温不要超过60℃)。

温水解冻：用流动下的温水解冻。

冷藏室解冻：可放在冷藏室逐渐解冻，24小时内仍可喂宝宝，但不能再放回冷冻室冰冻。

千万不能用微波炉解冻或是加温，否则会破坏营养成分。

喂养方法

在冷藏室解冻（没有加热过的奶水），放在室温下4个小时内就可以饮用。

如果是在冰箱外用温水解冻过的奶水，在喂食的那一餐过程中可以放在室温中，而没用完的部分可以放回冷藏室，在4小时内仍可使用，但不能再放回冰冻室。

何时给宝宝添加辅食好

一般情况下，在宝宝4~6个月以前，母乳喂养的宝宝，因母乳基本能满足宝宝的全部需要，所以不必添加辅食，只要添加母乳所缺乏的维生素D（每天1粒维生素A、D含量比为3∶1的鱼肝油）和少量钙剂（每天150~200毫克）就可以了。

人工喂养和混合喂养的宝宝可以在4个月时，添加一些蔬菜水和果汁。如果宝宝不吃蔬菜汁和果汁，可暂时不添加。

一般到宝宝6个月，不管是母乳喂养的宝宝还是人工喂养的宝宝，为了锻炼宝宝对食物的适应能力和有利于宝宝将来断奶，都需要给宝宝添加辅食。

适合宝宝的蔬果汁

果汁

各种新鲜水果，如橙子、苹果、桃、梨、葡萄等榨成的汁，可以补充维生素。喂给宝宝喝的时候要先用一倍的温开水进行稀释，尤其是喂2个月内的宝宝时，更要注意这一点。每天喂1~2次，每次喂1~2汤匙。

菜汁

用各种新鲜蔬菜做成的汁，如萝卜、胡萝卜、黄瓜、西红柿、圆白菜、西蓝花、芹菜、大白菜及各种绿叶蔬菜等，可以为宝宝补充维生素。

由于宝宝消化功能还不发达，妈妈给宝宝喝蔬菜水和果汁时，最好将其充分稀释，开始时可以先用温开水稀释，等宝宝适应了以后再用凉开水稀释，慢慢过渡到不用稀释。另外，建议给宝宝喝直接用新鲜蔬果榨取的蔬果汁，不要用市场上购买的。

贴心小贴士

添加辅食的时候要记得一条：不要性急，慢慢来。辅食的添加一定要一样一样地来，添加一种辅食后至少要等3~5天才能考虑换下一种。

喝牛奶导致宝宝腹泻怎么办

吃牛奶后引起的不适和腹泻多半是由于牛奶过敏或对牛奶不耐受。

牛奶过敏

其表现为慢性腹泻，大便软、半成形，常伴有黏液和隐匿性出血，少数可能有水泻、反复呕吐和腹痛等症状。宝宝的头面部皮肤还会出现红斑、丘疹和含有半透明液体的小疱疹，自感瘙痒。一旦发现宝宝对牛奶过敏，就应立即停止牛奶或牛奶制品的喂养，改用代乳品。大部分患儿在停用牛奶24～48小时后症状就明显缓解，在2岁后多数宝宝对牛奶过敏的现象自行消失。

对牛奶不耐受

有的宝宝吃牛奶后会出现腹胀、腹痛和腹泻等症状，原因是这些宝宝体内缺乏分解牛奶的乳糖酶，吃牛奶后，造成一系列胃肠不适的症状。对于牛奶不耐受的宝宝，一要停喝牛奶，二可改饮酸牛奶。

贴心小贴士

宝宝在发生腹泻后，妈妈一定要防脱水，及时补充水分。另外，要注意不要滥用抗生素。如果经常使用抗生素，可能导致宝宝肚子胀、厌食，免疫功能也会降低。

如何照顾吐奶的宝宝

有溢奶的宝宝，到了这个月，吐奶程度可能会明显减轻，有的宝宝不再吐奶了。即使仍然吐奶，如果没有影响宝宝的生长发育，也不要紧，过一段时间会好的。

尽量在吃奶前给宝宝洗澡，吃奶后不要让宝宝活动，可竖立着抱宝宝。这样可能会减轻吐奶，如果减轻了，就不容易再反复了。慢慢就会好了。

如果吃奶后半小时还吐奶，就竖立着抱半个小时；如果吃奶后一小时还吐，就竖着抱一小时；如果醒后吐奶，待宝宝还没有完全醒过来时，就轻轻把宝宝竖立着抱起来；如果宝宝一哭就吐，就尽量减少宝宝的哭闹，哭的时候不让宝宝躺着。

宝宝咬乳头怎么办

有的宝宝4个月开始有牙齿萌出。在牙齿萌出前，宝宝会咬乳头；妈妈的乳头本来让宝宝吸吮得很嫩了，宝宝一咬会很痛的。当宝宝咬妈妈乳头时，妈妈本能地向后躲闪，结果宝宝还咬着乳头不放，这样会把妈妈的乳头拽得很长，使妈妈更痛，甚至造成乳头皲裂。如何避免宝宝咬伤妈妈的乳头？很简单，当宝宝咬乳头时，妈妈马上用手按住宝宝的下颌，宝宝就会松开乳头的。

如果宝宝要出牙，频繁咬妈妈的乳头，喂奶前可以给宝宝一个没有孔的橡皮奶头，让宝宝吸吮磨磨牙床。10分钟后，再给宝宝喂奶，就会减少宝宝咬妈妈的乳头了。

4个月宝宝的护理

宝宝晚上睡觉爱出汗正常吗

一般而言，如果宝宝只是出汗多，但精神、面色、食欲均很好，吃、喝、玩、睡都非常正常，就不是有病，可能是因为宝宝新陈代谢较其他宝宝更旺盛一些，产热多，体温调节中枢又不太健全，调节能力差，就只有通过出汗来进行体内散热了，这是正常的生理现象。妈妈只需经常给宝宝擦汗就行了，无须过分担心。

但若宝宝出汗频繁，且与周围环境温度不成比例，明明很冷却还是出很多汗，夜间入睡后出汗多，同时还伴有其他症状，如低热、食欲不振、睡眠不稳、易惊等，就说明宝宝有些缺钙。如还有方颅、肋外翻、O形腿、X形腿病症，则说明宝宝缺钙非常严重，应及时补充钙及鱼肝油。此外也有可能患有某些疾病，如结核病和其他神经血管疾病以及慢性消耗性疾病等。总之，如果出现不正常的出汗情况，妈妈应及时带宝宝去医院检查，找出病因，以便及时治疗。

贴心小贴士

如果宝宝大量出汗，妈妈要及时给宝宝补充淡盐水，以维持体内的电解质平衡。如果不是因气温引起的正常出汗，可在医生的指导下吃些中药汤剂或中药以协助止汗。

学会正确清理宝宝的耳垢

一般情况下，只要宝宝耳朵不痛、不痒，听力好，耳垢不必人工清除。在说话、吃东西或打喷嚏时，随着下颌的活动，耳道内的片状耳垢便会慢慢松动脱落，不知不觉地被排出。

但若发现宝宝耳垢较多，堵塞在耳道内，并影响了宝宝的听力，父母就要考虑为宝宝清理耳垢，否则堵塞的耳垢会压迫鼓膜，引起耳痛、耳鸣、甚至眩晕。一旦耳内进水，耳垢被湿化膨胀，刺激外耳道皮肤，还容易引起外耳道炎症。

清理耳垢的方法

如果你认为宝宝耳朵里有耳垢堆积，可以在宝宝例行体检时请医生看看。医生会告诉你问题是否严重，并用温热的液体冲洗宝宝的耳道，安全地清除耳垢，这种方法可使耳垢松动，并自行排出耳道。医生还可能用塑料小工具（耳匙、刮匙）清理顽固的耳垢，这样做不会造成任何伤害。如果宝宝总是耳垢过多，医生就会告诉你简单的冲洗方法，你可在家里自己为宝宝清除耳垢。

你在给宝宝清理耳垢时要特别注意，不要把任何东西（包括棉签）伸到宝宝的耳道里挖耳垢，容易发生意外事故。耳垢会因人们的咀嚼动作和不断地说话，被移送到外耳道的外口附近，妈妈可以用棉签将其卷出来，若是比较坚硬的耳垢，可滴少许苏打水或耳垢水将其泡松，再慢慢地取出。

宝宝什么时候晒太阳最好

宝宝从2个月以后，每天应安排一定的时间到户外晒太阳。妈妈带宝宝晒太阳应选择适当的时间，一般以上午9～10时、下午4～5时为宜。冬季太阳比较温和，适合多在户外晒晒太阳。

宝宝晒太阳时间可逐渐延长，可由十几分钟逐渐增加至1小时，最好晒一会儿到阴凉处休息一会儿。

贴心小贴士

秋冬季日照补钙时，最好穿红色服装，因为红色服装的辐射长波能迅速“吃”掉杀伤力很强的短波紫外线，最好不要穿黑色服装。

夏天宝宝能睡凉席吗

小宝宝是否可以睡凉席，妈妈应视当地的气候和宝宝体质状况灵活掌握。如果宝宝睡凉席后出现腹泻、肠胃不适等症状，就不要让宝宝睡在凉席上了。另外，不管天气有多热，晚上睡觉都要记得帮宝宝盖好小肚子。

冬季不要给宝宝穿太多

穿得多，盖得厚，宝宝对环境的适应力和对疾病的抵抗力会降低；穿得多，宝宝一旦活动便会出汗不止，衣服被汗液湿透，反而由此着凉；穿得多，不利于宝宝四肢活动，阻碍运动能力的发展。

判断宝宝穿的多少是否合适，可经常摸摸他的小手和小脚，只要不冰凉就说明他的身体是暖和的。冬季可以给宝宝穿一件薄的小棉服。棉服既挡风又保暖，要比多穿几件厚衣服都御寒，而且活动灵巧方便。而厚外衣没有更多的吸收容纳暖空气的空间，挡风还可以，但御寒保暖则就比小棉服差多了。

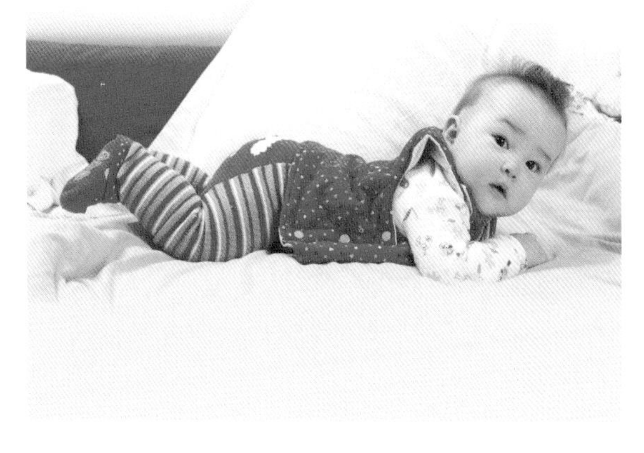

冬天宝宝房间一定要注意加湿

冬季用空调或暖气片保暖，使得室内又热又燥，室内湿度较低。湿度过低，大大降低了呼吸道纤毛运动功能，呼吸道抵御病菌的能力下降，这不是用药物可以解决的。所以妈妈要特别注意保持室内湿度，可使用加湿器，使室内湿度达到40%~50%。

加湿器使用方便，加湿效果也比较好，但要做到科学使用加湿器，最重要的一点就是定期清理，否则加湿器中的霉菌等微生物会随着水雾进入空气中，再进入我们的呼吸道中，加湿器肺炎就是这么产生的。还有，加湿器需要每天换水，最好一周清洗一次。

另外，妈妈还可通过洒水、放置水盆等方式来给室内加湿。在屋子里养花草，也可以增加空气湿度，推荐花木：吊兰、富贵竹、百合、蓬莱蕉、绿萝、菊花。

贴心小贴士

空气湿度也不是越高越好，冬季人体感觉比较舒适的湿度是40%~50%，如空气湿度太高，人会感到胸闷、呼吸困难。

降低噪声对宝宝的伤害

噪声大小的衡量标准是用分贝为单位，在家里轻轻谈话的声音为30分贝，普通谈话声为40分贝，高声说话为80分贝，大声喧哗或高音喇叭为90分贝。40分贝以下的声音对小孩无不良影响，80分贝的声音会使儿童感到吵闹难受；如果噪声经常达到80分贝，小孩会产生头痛、头昏、耳鸣、耳聋、情绪紧张、记忆力减退等症状。

为了保护宝宝的听力，家庭成员不要大声喧哗，更不要带宝宝去KTV，也不要让宝宝停留在户外汽车较多的地方或市场上比较吵闹的地方等。

另外，一些经过挤压能“吱吱”叫的空气压缩玩具在10厘米内“吱吱”的声响可达78~108分贝，这对宝宝的听力也是不利的，所以，不要让宝宝长时间玩那些冲锋枪、大炮、坦克车等玩具。在使用有声音的玩具时，要控制玩具的音量。如果太吵了，建议用胶条把它的喇叭粘住，以减小音量，或者干脆把电池拿出来。

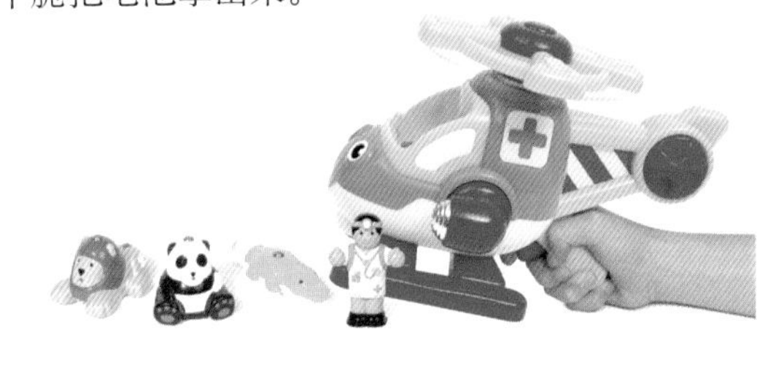

贴心小贴士

宝宝的房间光线要柔和，不要用五光十色或刺目的地板、天花板、墙壁、灯等，杂乱的色彩会干扰人体中枢神经系统，让人感到心烦意乱，从而使人对噪声显得格外敏感。

宝宝喜欢啃手指，要制止吗

一般来说，婴儿期的宝宝如果有啃手指的行为，是正常现象，不是一种病，长大后也基本不会养成吃手的习惯，爸爸妈妈不必担心，没必要强行阻止，但要经常帮宝宝洗手，保持手部的卫生。

当宝宝能把手放在嘴巴里啃的时候，说明宝宝运动和控制能力已经很协调了，这是智力发展的一种信号。此外，宝宝咬着自己的小手睡觉会有很大的安全感，能满足他吸吮、舔啃的心理需要，如果婴儿期啃手指的行为受到强制约束，口敏感期的需要得不到满足，宝宝长大后可能形成具攻击力的性格。

贴心小贴士

虽然这个时候的宝宝喜欢啃手指是正常的，但应避免宝宝对啃手指产生依赖，可做一些预防措施。

妈妈应尽量亲自给宝宝喂母乳，让宝宝体验温暖。

奶嘴要合适，以满足宝宝长时间吸吮的需要。

宝宝睡醒后不要让他单独在床上太久，以免宝宝感到无聊而把手放进嘴里。

当宝宝有啃手指的倾向时，多用玩具逗逗他，多跟他说话、唱歌、玩积木或看图书等，让宝宝忘记吮手指。

宝宝不让爸爸抱怎么办

两到三个月的宝宝开始认生了，更喜欢和熟悉的妈妈待在一起，如果发现眼前的人不太熟悉，他就会紧张害怕，甚至哭泣，宝宝不让爸爸抱，多数是因为爸爸和宝宝待在一起的时间太少的缘故。

爸爸需要增加与宝宝在一起的时间了，一有时间就应该跟妈妈一起多逗宝宝玩，并尝试着在妈妈的指导下去满足一下宝宝的需要，然后逐步地自己单独和宝宝在一起说话、玩耍，渐渐地消除宝宝对自己的恐惧，取得宝宝的信任后，宝宝就不会拒绝爸爸了。

另外，爸爸还要经常抚摸宝宝，皮肤温和的刺激能最有效地把爱意传递给宝宝，宝宝会感到安全和幸福。不论工作多忙，下班后有多累，爸爸都应该一回到家就抱着宝宝，用手拍拍他，轻轻地抚摸他的小手小脚，抚摸宝宝的背部，最好每天能坚持抚摸宝宝半个小时。

4个月宝宝的早教

语言能力训练——与宝宝讲悄悄话

妈妈应该经常贴着宝宝的耳朵，轻柔地说些悄悄话。宝宝可能还听不懂妈妈所讲的话，这时，妈妈不必顾虑，随便说什么都行，因为这是训练其语言智能的重点，妈妈多和宝宝说话，能帮助宝宝较快地成长，有益于宝宝智力的提升。

育儿指导

跟宝宝说悄悄话，开始最好对着小宝宝的右耳讲话，因为右耳比较敏感，它与左脑语言思维相连，有益于宝宝智力的提升。这样的谈话也可以让爸爸参加，每次5分钟左右即可。

另外，妈妈还要学会训练宝宝发音，如妈妈可在宝宝的床上面悬挂一个较大的、能发声的塑料娃娃。宝宝仰卧在床上，要让宝宝的手脚都能碰到玩具。要逗引宝宝抓、蹬和发声，注意宝宝能否发出m-a、n-a等的近似音并做记录。这个方法能给宝宝足够的语言刺激，提高宝宝的语言能力。

精细动作能力训练——促进宝宝手眼协调能力

手眼协调能力的发展对促进宝宝的运动能力、智力和行为起着非常重要的作用，对宝宝来说极有意义。3~4个月的宝宝喜欢用小手击打眼前的物体，手眼协调能力略有提高，此时妈妈可以将小球吊放在宝宝胸前，引诱宝宝拍打、抓握。

育儿指导

所谓手眼协调，是指眼和手的动作能够配合，按照视线去抓看见的东西。宝宝的动作此时有了简单的目标方向，比如手里拿着一样东西时，还要去拿看见的另一件东西。当他将抓到手的东西先放到一个特定的地方，然后再去抓另一件东西时，说明手眼协调能力有很大的进步，妈妈千万要明白，这不是宝宝在捣乱，而是莫大的进步！

大动作能力训练——适当练习拉坐、扶坐

因为宝宝脊椎的生理曲线还没建立，4个月时宝宝还不会坐，即使能坐一小会儿，也需要支撑着他的背部、腰部，而且坐不稳，妈妈不要违背生理规律，让宝宝练习坐。当然，快5个月时让宝宝适当练习拉坐、扶坐是可以的，再大一点可靠坐一会儿，一般6个月时宝宝才能独坐一会儿，一开始不要坐久，慢慢来才行。

育儿指导

练习时，先让宝宝仰卧在平整的床上，妈妈或爸爸握住宝宝的双手手腕，也可用双手夹住宝宝的腋下，面对着宝宝，边拉坐，边逗笑，边对话，使宝宝在快乐的气氛中，慢慢将宝宝从仰卧位拉到坐位，然后再慢慢让宝宝躺下去。练习多次后，妈妈或爸爸只需稍微用力帮助，宝宝就能借助妈妈或爸爸的力量自己用力坐起来。

开始进行拉坐训练时，时间一般控制在每次5分钟左右，然后逐渐延长至15~20分钟。宝宝刚学会坐时，常常会左右摇摆或身子前倾，但没多久，宝宝就能挺直腰部。进入第6个月后，大多数宝宝已能稳稳地独坐了。

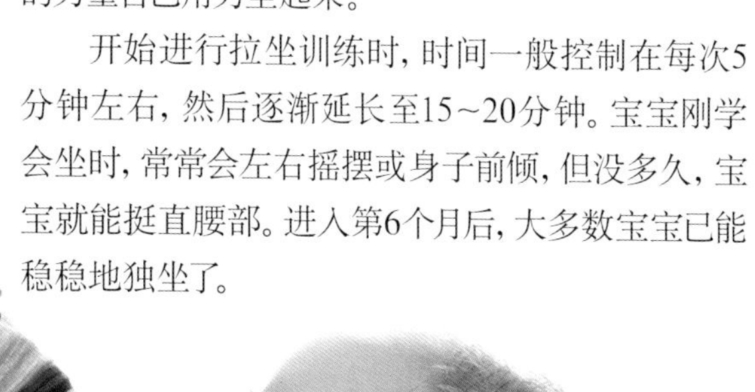

写给妈妈的贴心话

宝宝会用表情表示自己的需求

表情	解读
懒洋洋	我吃饱了！当宝宝把奶头或奶瓶推开，头转一边，一副浑身松弛的样子，多半已经吃饱，不要再勉强宝宝吃
喊叫	烦恼！不到一岁的宝宝，在嘈杂的环境中很容易受到干扰，但苦于口不能言，只好用尖叫、哭闹表达自己的烦恼
严肃	缺铁。宝宝一般在出生后2~3个月便能在父母的逗引下露出微笑。有些宝宝笑得很少，小脸严肃，表情呆板，多半因体内缺铁造成
笑	兴奋愉快。当宝宝感觉舒适、安全的时候，就会露出笑容，同时还会双眼发光，兴奋卖力地舞动小手和小脚。这表示他很开心，是妈妈最愿意看到的表情，也是最容易读懂的表情
爱理不理	我想睡觉。玩着玩着，宝宝的眼神变得发散，不像刚开始那么灵活而有神，对外界的反应也不太专注，还时不时打哈欠，头转向一边，不太理睬妈妈，这表示他困了，想睡觉了
吮吸	饿了。喂哺过一段时间以后，宝宝小脸转向妈妈，小手抓住妈妈不放。用手指一碰面颊或嘴角，便马上把头转过来，张开小嘴做出寻找食物的样子，嘴里还做着吸吮的动作，这说明宝宝饿了，赶紧给宝宝喂吃的吧
瘪嘴	有了需求。宝宝瘪起小嘴，好像受了委屈，这是要开哭的先兆。有经验的妈妈会知道宝宝是用这种方式来表达要求，至于宝宝是饿了要吃奶，或尿布湿了要人换，或寂寞了要人逗，得根据具体情况来判断
噘嘴、咧嘴	要排尿。每次小便之前，宝宝通常会出现咧嘴或是上唇紧含下唇的表情。出现这种表情的时候，最好把一把小便，或检查尿布是不是应该换了
小脸通红	大便前兆。判断宝宝大便的时机，可减少妈妈的工作量。如果看到宝宝先是眉筋突暴，然后脸部发红，而且目光发呆，是明显的内急反应，赶紧准备帮宝宝排大便
吮手指、吐气泡	别理我。多数宝宝在吃饱、穿暖、尿布干净而没有睡意的时候，会自得其乐地玩弄自己的嘴唇、舌头，比方说吮手指、吐气泡什么的。也许这时宝宝更愿意独自玩耍，不愿意别人打扰
乱咬东西	长牙难受。宝宝到了长牙期，会把乱七八糟的东西塞进嘴巴，乱咬乱啃，不给就闹。长牙那种又痒又痛的感觉很难忍受，抓到什么咬什么，是宝宝逃避难受的方式
眼神无光	疾病先兆。健康的宝宝眼神总是明亮有神、转动自如的。若发现宝宝眼神黯然呆滞、无光少神，很可能是身体不适的征兆，也许已患病。最好带宝宝去医院看看，千万不要迟疑

宝宝喜欢模仿

4个月的宝宝喜欢模仿大人的表情，也喜欢大人模仿他的表情。

育儿指导

模仿宝宝的表情

妈妈可以刻意模仿宝宝的动作与表情，宝宝会因此而兴奋不已。反过来，如果妈妈做了一些夸张的动作，宝宝也能学得惟妙惟肖。宝宝通过模仿大人的表情，慢慢地会了解到不同的心情用不同的表情表现出来。

模仿宝宝的声音

这个时期的宝宝是个观察者，他喜欢盯着妈妈所指的事物并把眼光落在这个事物上。当宝宝看到妈妈用舌头、嘴唇发出声音时，就会模仿妈妈自发地发出一些无意识的单词，如“呀、啊、呜”等。对于宝宝牙牙学语发出的呢喃声，妈妈要尽可能去模仿。这样的回应会使宝宝很兴奋。为了得到应答，宝宝会更积极地学发声。

别忘了抱一抱宝宝

帮助宝宝运动手掌与十指，会使宝宝大脑的神经受到刺激，得到锻炼，这也是人们通常说的“手巧”与“心灵”的关系。

多摸摸宝宝的头

头皮离大脑的距离最近，经常抚摸头皮，不仅可以解决“皮肤饥饿”问题，还有利于宝宝稳定情绪。

多贴贴宝宝的脸

多贴、多亲宝宝的脸，会把好情绪、好兴致传递给宝宝。

每天为宝宝做一至两次全身抚摸

可以边抚摸，边哼些儿歌。

育儿指导

有些父母很愿意在抱宝宝时和宝宝疯，将宝宝高高抛起，逗得宝宝咯咯大笑。这样做是十分危险的，有时还会引发宝宝脑部疾病。

最好避免在睡前、饭后这段时间里抱宝宝。抱着宝宝，哼着小曲，哄宝宝入睡，这样做并不好。因为这会增加宝宝入睡的难度，导致宝宝不抱不睡，不哄不睡的坏习惯。

父爱是母爱所不能替代的，坚强宽广的父爱与温柔细腻的母爱相比，带给宝宝的是完全不同的感受。所以父亲也应尽早成为抚爱宝宝的角色，和宝宝一起游戏，引导宝宝爬行和走路，帮助宝宝洗澡，替他更换尿布。父亲还应多抱抱宝宝，宝宝在父亲健壮的胸脯上，感觉一定非常惬意。

Part 5 5个月宝宝

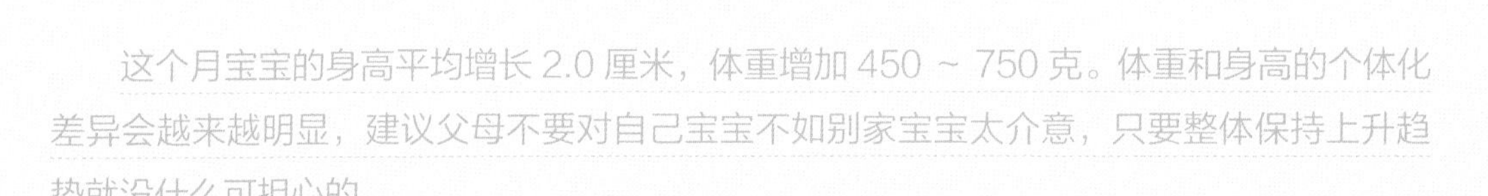

这个月宝宝的身高平均增长 2.0 厘米，体重增加 450 ~ 750 克。体重和身高的个体化差异会越来越明显，建议父母不要对自己宝宝不如别家宝宝太介意，只要整体保持上升趋势就没什么可担心的。

宝宝的头围增长速度有所降低，整月的增长量约为 1.0 厘米。特别情况是，长辈中有大头的人，宝宝也可能会显得头围较大，这是遗传因素在起作用，父母不必忧心忡忡，只要医生检查没问题就可以了。

宝宝的囟门在此时有可能会减小，甚至有的宝宝囟门看上去好像闭合了，不过很大可能只是膜性闭合，或者头皮张力大、头发浓密盖住了，实际上颅骨缝还没有对接，并不是真正的闭合。如果不放心，可以带宝宝做检查。另外，也有的宝宝囟门在这个时候仍然没有明显的变化，只要不是过大就没有问题。

身体发育标准

身高·体重·头围·胸围

		女宝宝	男宝宝
5个月	身高	60.9~70.1厘米，平均65.5厘米	62.4~71.6厘米，平均67.0厘米
	体重	5.9~9.0千克，平均7.5千克	6.2~9.7千克，平均8.0千克
	头围	39.7~44.5厘米，平均42.1厘米	40.6~45.4厘米，平均43.0厘米
	胸围	38.1~45.7厘米，平均41.9厘米	39.2~46.8厘米，平均43.0厘米

5个月宝宝的喂养

宝宝第5个月可以尝试添加辅食

第5个月是尝试添加辅食期，就是说，宝宝不是从6个月第一天突然开始添加辅食的，要有一些过渡或尝试。

尝试添加辅食的条件

宝宝对奶不再如饥似渴，吃奶兴趣降低。即使是躺在妈妈的怀里吸吮着妈妈的乳头，也很容易被外界声响影响，常常把小嘴离开妈妈的乳头东张西望。

把宝宝放在饭桌前，宝宝非常兴奋，两眼瞪得圆圆的，小手伸着够，小嘴嘬着要吃的样子。

把小勺放在宝宝嘴边，宝宝上嘴唇往前抿住小勺。

宝宝开始咬妈妈的乳头和橡皮乳头。

贴心小贴士

尝试添加辅食，重在“尝试”二字，能添则添，不能添则停。

婴儿米粉是片状的好还是粉状的好

片状米粉的特点

营养素混合分布均匀。

不易上火。

复水性好。由于片状米粉密度小，空隙大，冲调时有利于吸水和软化。

便于保存。由于片状米粉与空气接触的表面积更小，所以可以减少营养物质的流失，也便于保存，能减少储存过程中的氧化现象。

粉状米粉的特点

粉末状的米粉比片状更精致、更细滑。

高压膨化会破坏米粒的结构，高温也容易造成营养素的流失。

由于是经过烘焙膨化的，所以容易造成内热、上火。

冲调时容易结团。

由以上特点看来，片状米粉对于营养第一、口味第二的妈妈们来说，是最佳的选择，它营养均匀又不易上火，尤其是夏天，气温闷热，“不上火”是很多妈妈的首要标准。

为宝宝准备餐具及制作辅食工具

为宝宝准备餐具

购买婴儿餐具2套，不同形状、色泽、花色，更替使用，让宝宝有新鲜感。

最好购买有标准容量的婴儿餐具，以便清楚辅食喂养量，购买有计量刻度的餐具，可更准确知道宝宝的进食量。

最好买有吸盘的餐具，以免宝宝弄翻餐具。

购买能够放在微波炉中加热及能够放在冰箱中冷冻的餐具，可以加热食物，如果宝宝没有吃完，可临时封起来，放在冰箱冷藏室中（储存时间不超过7小时），等到下顿加热后再喂。餐具最好有封盖和气孔，方便冷藏和加热。当然，宝宝每次吃不了多少，妈妈少做一点，吃不完给其他人吃掉，最好还是不要留到下顿给宝宝吃。

购买宝宝可以抓握、带有把手的杯子。防漏饮水杯可让宝宝练习自己喝水。

购买有弯度的小勺，宝宝容易把食物送到口中。

为宝宝准备辅食制作工具

最好购买专门为宝宝制作辅食的工具。妈妈可以根据需要购买一些必要的辅食制作工具，会给你制作带来方便，比如食物研磨机、榨汁机、过滤碗、小锅等。

> **贴心小贴士**
>
> 为了让宝宝喜欢上汤匙，妈妈可以在宝宝4～5个月时，送给宝宝一件新的玩具——汤匙。在注意安全的前提下让宝宝多点机会玩汤匙。

用勺子喂宝宝吃东西注意什么

喂宝宝时一定要有耐心，有的宝宝对这种新的喂养方式一开始很不适应，只要嘴唇一碰到汤匙就表现出很大的抗拒，不肯张嘴或不肯把食物吞下去，所以从一开始父母要有耐心哄宝宝，一次不行就哄第二次，两次不行就哄第三次，直到宝宝接受、习惯为止。

在一开始用汤匙喂食宝宝时，最好给宝宝喂食一些新鲜、味美、宝宝较喜欢吃的食物，宝宝一看到自己喜欢吃的食物就会兴奋，就会减少对汤匙的排斥情绪。

在开始用汤匙喂宝宝吃东西时，最好不要只是喂宝宝吃固体食物。可在吃奶以前，先试着用汤匙喂些固体食物和汤水。

宝宝添加辅食后应预防便秘

添加辅食后，宝宝可能会出现便秘。这种情况的便秘主要是饮食结构造成的，所以妈妈要从给宝宝添加辅食开始注意一些问题，预防便秘。

预防宝宝便秘

妈妈要保证奶量，因为宝宝才4~5个月，吃辅食只是为了使宝宝的胃肠道慢慢学会消化，这些辅食不能顶饱。如果把本来吃的奶撤掉，宝宝就会挨饿，胃肠道的食物没有富余，就不可能有大便。因此要保持原来的奶量，在吃奶之余添加1~2小勺辅食，让宝宝学习消化，宝宝的胃肠道饱足后就会有大便排出。

给宝宝添加的辅食中最好包含一些对通便有帮助的食物，如西红柿、香蕉、梨、黄瓜、南瓜、白薯、萝卜等。可以加水煮熟搅拌成蔬果汁，是带蔬菜和果肉一起搅拌，可以单一的1种或者2种混合在一起来制作，通便效果非常好，而且有营养。喝蔬菜水果汁，宝宝就不会便秘了，开始的时候，可以少放菜，多放水来做，不要打得太稠，如果味道比较淡，可以加少量的冰糖，或者含微量元素的糖都可以，但加糖要适量，不要太甜。水果有甜味就不用放糖了，味道也不错。

贴心小贴士

辅食会引起大便性质和色泽的改变。大便色泽与食物种类有关。如吃西红柿时，大便发红；吃绿色蔬菜时，大便发绿；吃动物肝或动物血时，大便可能成墨绿色、深褐色或黑红色。大便性质也与食物有关：吃纤维素含量高的食物，大便可能软或不成形；吃较多肉类食物或高钙食物时，大便可能会发干；吃寒凉食物时，大便可能会发稀。总之，宝宝大便不再像纯乳期喂养那样恒定了，妈妈要考虑到这一点，不要一出现大便改变，就带宝宝去医院，首先要考虑是否与所喂食物有关。

5个月宝宝的护理

宝宝便秘能否用开塞露

当宝宝发生便秘时，妈妈不可随便给宝宝吃通便的药，最好咨询一下医生。可以适当用下开塞露给宝宝通便，但要尽量少用。因为时间长了以后会形成一种依赖，发生习惯性地便秘就不好了。

便秘严重怎么办

当宝宝患有严重的便秘时，可以问问医生有哪些治疗宝宝便秘的方法可以选择。看看有没有帮助大便软化的非处方药能使宝宝排便更顺畅，千万别在未经医生允许的情况下给宝宝吃通便药。如果宝宝便秘比较严重，拉的大便又硬又干，把肛门口周围细嫩的皮肤都撑破了（这叫作“肛裂”，能够看到伤口或一点血迹），可以在这些部位给宝宝抹点含芦荟的润肤液帮助伤口愈合。但是别忘了向医生说明宝宝有肛裂的情况。

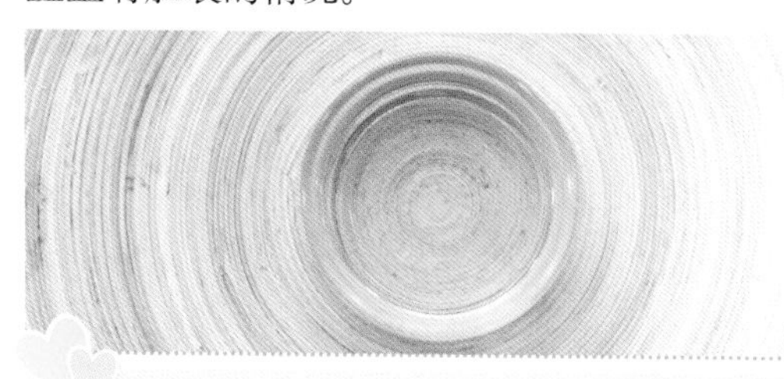

贴心小贴士

当宝宝便秘时，妈妈要注意检查一下宝宝所吃的东西是否容易引起上火，如所选的奶粉，所添加的辅食等。并注意观察宝宝吃什么能起到润肠通便的效果。每个宝宝的体质不一样，对食物的吸收消化能力也不一样，不能只听信别人吃什么好就给宝宝吃什么。

宝宝可以看电视吗

很多人对宝宝看电视这一观点持反对意见，怕对宝宝的视力有不良影响。其实只要方法正确，是可以适当地让宝宝看看电视的，而且看电视还有很多好处，可以发展宝宝的感知能力，培养注意力，防止怯生。5个月时，宝宝已有了一定的专注力，而且对图像、声音特别感兴趣。这时，不妨让宝宝看看电视。

宝宝看电视需注意

距离：妈妈把宝宝抱到距离电视约2米远的地方，以保护宝宝视力。

时间：每天在固定的时间内让宝宝看电视，让宝宝看上4~5分钟电视，最多不要超过10分钟。看的同时，妈妈可用简单的语言对宝宝解释电视画面内容。

音量：每次看电视可选择1~2个内容，声音不应过大、过于强烈，以使宝宝产生愉快情绪，而且不疲劳。

节目：有选择性地让宝宝看一些电视节目，如《七巧板》《动画城》《动物世界》等。宝宝也许对这些内容不理解，但是丰富的色彩、活泼的形象却极易吸引宝宝的注意。有的宝宝则很容易表现出极强的专注力。不要让宝宝看战斗、恐怖电视，以免影响宝宝的心理与情绪。

贴心小贴士

等到宝宝慢慢长大，可能会比较迷恋电视节目，妈妈要帮宝宝从小养成定时定位看电视的好习惯，不要一味地迁就宝宝或把电视当保姆，这对宝宝的生长发育是非常不利的。

使用婴儿车的注意事项

6个月以内的宝宝还不能坐稳，比较适合选用坐卧两用的宝宝车。

使用前进行安全检查，如车内的螺母、螺钉是否松动，躺椅部分是否灵活可用，轮闸是否灵活有效等。

宝宝坐车时一定要系好腰部安全带，腰部安全带的长短、大小应根据宝宝的体格及舒适度进行调整，松紧度以放入大人四指为宜，调节部位的尾端最好能剩出3厘米长。

车筐以外的地方，不要悬挂物品，以免掉下来砸到宝宝。

宝宝坐在车上时，妈妈不得随意离开。非要离开一下或转身时，必须固定轮闸，确认不会移动后才离开。

切不可在宝宝坐车时，连人带车一起提起。正确做法应该是：一手抱宝宝，一手拎车子。

不要抬起前轮单独使用后轮推行，那样容易造成后车架弯曲、断裂。不要在楼梯、电梯或有高低差异的地方使用宝宝车。

推车散步时，如果宝宝睡着了，要让宝宝躺下来，以免使腰部的负担过重。

不要长时间让宝宝坐在车里，任何一种姿势，时间长了都会造成宝宝发育中的肌肉负荷过重。正确的方法应该是让宝宝坐一会儿，然后妈妈抱一会儿，交替进行。

防止宝宝吞食异物

父母要当心微小物品对宝宝的伤害。因为，这类小东西放进嘴里后，极易掉进气管而出现堵塞乃至窒息，从而导致小儿脑缺氧，脑细胞破坏，直至死亡。

妈妈带宝宝时要注意下面几个安全问题，防止宝宝吞食异物

地面上是否掉有小物品，如扣子、大头针、曲别针、手表电池、气球、豆粒、糖丸、硬币等。

当吃有核的水果时，如枣、山楂、橘子等，要特别当心，应先把核取出后再喂食。

应对玩具进行仔细检查，看看玩具的零部件，如眼睛、小珠子等有无松动或掉下来的可能。

宝宝吞食异物怎么办

当发现宝宝吃了什么东西或有些不太正常时，妈妈可以用一只手捏住宝宝的腮部，另一只手伸进他的嘴里，把东西掏出来；若发现已将东西吞下去时，可刺激他的咽部，促使宝宝呕吐，把吞下去的东西吐出来；假如宝宝翻白眼，就赶紧把宝宝双腿提起来，脚在上，头朝下，拍他的背部，促其将物品吐出；或者在宝宝背后和心口窝的下面，用双手往心口窝方向用力挤压。注意用力应适当，不能过硬、过猛，这样就会在宝宝使劲憋气的同时，把吞下去的东西吐出来。

如果经过一番努力没能将宝宝吞进去的异物弄出，妈妈要赶紧送宝宝去医院。另外，最好弄清楚宝宝吞进去的是什么，以便给医生节省检查的时间。

注意预防宝宝贫血

营养性缺铁性贫血是宝宝常见病。轻度贫血的症状、体征不明显，待有明显症状时，多已属中度贫血，主要表现为上唇、口腔黏膜及指甲苍白，肝、脾、淋巴结轻度肿大，食欲减退、烦躁不安、注意力不集中、智力减退；明显贫血时心率增快、心脏扩大，常合并感染等。

预防贫血

坚持母乳喂养，因母乳中铁的吸收利用率较高。

添加含铁丰富的辅食如蛋黄、鱼泥、肝泥、肉末、动物血等。添加绿色蔬菜、水果等富含维生素C的食物，促进铁的吸收。

应当用铁锅、铁铲做菜做汤，粥、面不能在铝制餐具里放得太久，因为铝可以阻止人体对铁的吸收。

牛奶必须煮沸后再喂，以减少过敏导致的肠出血而产生贫血。

贴心小贴士

当宝宝出现烦躁不安、精神不振、注意力不集中、反应迟缓、食欲减退以及出现异常食癖等现象时，妈妈应及时带宝宝找儿科医生检查。

宝宝添加辅食后预防腹泻

宝宝消化功能不成熟，发育又快，所需的热量和营养物质多，一旦喂养不当，就容易造成腹泻，俗称“拉肚子”，特别是一直适应了吃母乳或配方奶的宝宝，突然进食奶之外的食物，特别容易出现腹泻的症状。

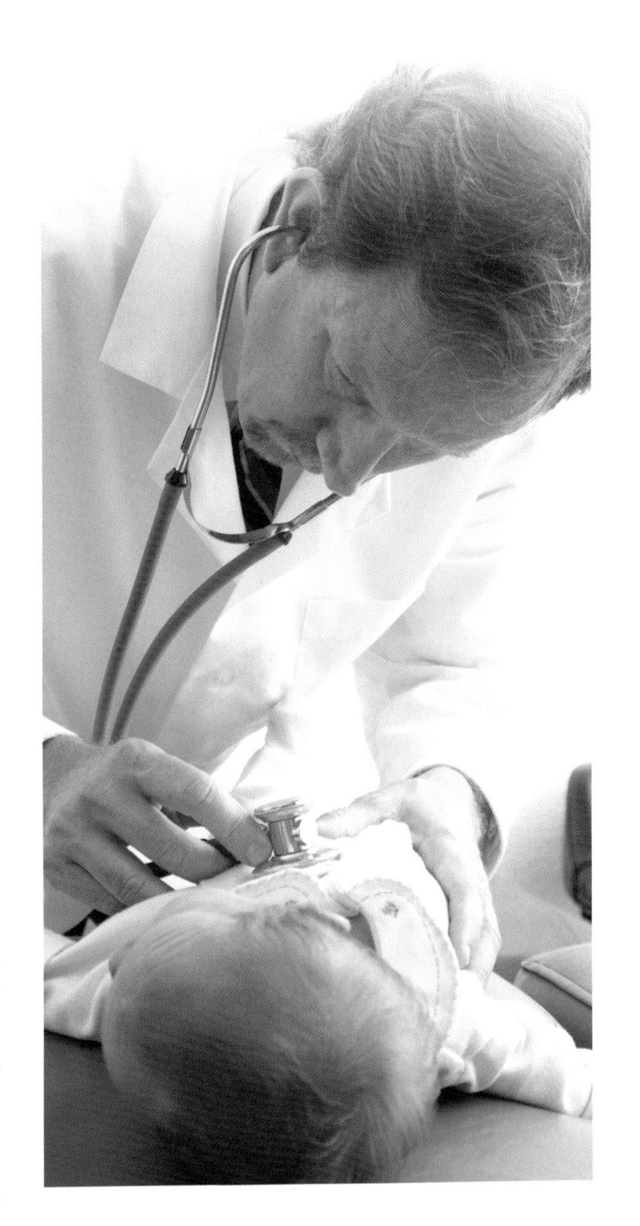

预防宝宝腹泻

注意饮食卫生：

食品应新鲜、清洁，凡变质的食物均不可喂养宝宝，食具也必须注意消毒。

添加辅食应掌握正确的顺序与原则：

这个前文中有重点提到，妈妈可做参考。

增强体质：

平时应加强户外活动，提高对自然环境的适应能力，注意宝宝体格锻炼，增强体质，提高机体抵抗力，避免感染各种疾病。

避免不良刺激：

宝宝日常生活中应防止过度疲劳、惊吓或精神过度紧张。

夏季卫生及护理：

宝宝的衣着应随气温的升降而增减，避免过热，夜晚睡觉要避免腹部受凉。夏季应多喂水，避免饮食过量或食用脂肪多的食物。经常进行温水浴。

合理应用抗生素：

避免长期滥用广谱抗生素，以免肠道菌群失调，招致耐药菌繁殖引起肠炎。

如何护理患腹泻的宝宝

及时为宝宝补充水分

宝宝开始腹泻时，妈妈可以在500毫升温开水中加入10克白糖（2小匙）和1.75克食盐（相当于啤酒瓶盖的1/3），为宝宝自制糖盐水补液，在最初的4小时里按每公斤体重给20～40毫升液体的比例喂宝宝喝下去，为宝宝补充水分和电解质，防止宝宝出现脱水。4个小时后，妈妈可以随时让宝宝喝一点，宝宝能喝多少就喝多少。但是，一旦发现宝宝的眼睑出现浮肿，妈妈就要停止喂宝宝喝补盐液，让宝宝改喝白开水。

给宝宝补充营养

千万不能因为怕宝宝吃了就拉就停止给宝宝喂食，只要宝宝想吃，都需要喂。当然了，如果你的宝宝暂时不愿意吃东西，也别担心。只要保证他摄入充足水分，他的食欲一两天内就会恢复的。对于正在添加辅食的宝宝，可以维持原来吃过的食物种类，暂不尝试新的食物。

宝宝拉肚子时不要喝果汁、吃止泻药

不要给宝宝喝有甜味的饮料，如汽水（包括可乐）、运动饮料、果冻水以及未稀释的果汁。由于这些饮料都含糖，而糖会把体内的水分吸收到肠道里，从而使宝宝拉肚子的状况加重。另外，不要擅自给宝宝服用止泻药，一定要根据医生的处方用药。

保持宝宝臀部的干爽

宝宝腹泻期间，妈妈一定要勤为宝宝换尿布或内裤，并要勤帮宝宝清洗臀部，最好给宝宝擦点护臀霜，以防宝宝的臀部因为长期接触稀便而变红、发炎。

贴心小贴士

如果你的宝宝还不到3个月，他一拉肚子就要立刻带他去看医生。如果宝宝已经过了3个月，在拉肚子的同时还有下列情况时才需要去医院：

1. 大便为稀水样或蛋花汤样，每次量较多，且一天为十几次。
2. 呕吐。
3. 有脱水迹象，比如嘴唇干燥，6～8小时甚至更长时间内无尿。
4. 大便带血或有黑便。
5. 发高烧，体温在38℃以上。
6. 不愿意吃东西。

睡觉前跟宝宝做游戏好不好

在宝宝睡前1小时禁止做需耗费体力的游戏，比如和宝宝玩激烈的肢体运动游戏等，这样的游戏会让宝宝觉得刺激，大脑兴奋，不容易按时入睡，即便疲劳后入睡了，精神活动也还在持续，这属于浅睡眠，一旦周围有噪声，就会把宝宝从睡眠中吵醒，再次入睡也变得更困难。这对睡眠质量影响很大，长期下去会影响宝宝大脑与身体发育，还会阻碍身体免疫系统发育，降低宝宝的免疫力、抗病力，使得宝宝容易患病。

其实，睡前最好的活动并不是做游戏，而是能放松宝宝身体的活动，比如给宝宝洗澡，放些舒缓的音乐，讲个小故事，唱段小曲儿等，都很好。这些能让宝宝静静听着或待着的活动，可以帮宝宝从清醒状态放松过渡到睡眠状态，音质好的音乐声或者轻柔的抚触是安抚宝宝入睡的利器。

宝宝爱使小性子，怎么办

当宝宝的需要没有得到满足时，常常会发怒，但持续时间并不长。

父母以正确的态度来对待宝宝的怒气是很重要的。宝宝发怒时，父母应始终保持客观、冷静的态度，绝不要跟着宝宝一起发怒，绝不要故意逗宝宝发火。在宝宝发脾气时，妈妈既不要惩罚也不要溺爱宝宝。可以和宝宝做游戏吸引宝宝的注意力，宝宝就很容易平静下来。如果宝宝不能平静下来，妈妈也不妨到隔壁房间忙点别的事。总之，对发怒的注意越少，宝宝也就越少发怒。由于宝宝正处于个性形成时期，这些最初的行为的影响将是非常深远的。

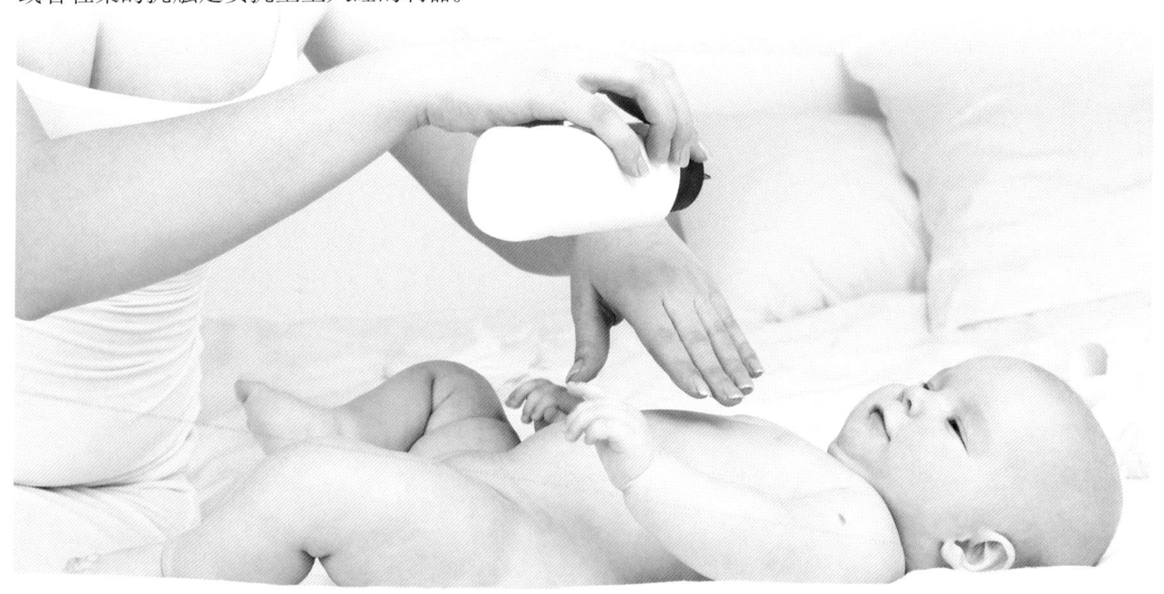

5个月宝宝的早教

语言能力训练——给宝宝读书、唱歌

妈妈这个时候可以开始给宝宝读书，可提高宝宝的语言技能并促进他的感官发育。另外，宝宝也喜欢听歌和音乐，尤其是妈妈唱的歌，所以，即使你的音调不准也要经常唱歌给宝宝听。音乐的节奏感加上妈妈轻柔的嗓音，不但能让宝宝安静、舒适，还能无形中发展宝宝的语言能力。

育儿指导

读书

妈妈给宝宝读书时语速要放慢。对不同的字可用不同的声音。经常停顿下来观察宝宝的反应，你可能会发现，他喜爱有节奏的韵律——大多数婴儿都是这样的。妈妈与宝宝一起唱韵律和谐的摇篮曲，你也会像宝宝一样享受这一美好时刻。

唱歌

妈妈可以先用磁带和CD放一些专为婴幼儿写的歌，还可以放古典乐、爵士乐及流行曲调，但放的音量不要过大。如果妈妈会唱，最好平时妈妈自己唱些歌给宝宝听。摇篮曲极适合用于哄宝宝。

精细动作能力训练——训练宝宝手的动作

俗话说“心灵手巧”，手的运动，对宝宝的大脑发育是非常有益的，动左手有益于右脑的发育，动右手有益于左脑的发育，特别是婴幼儿时期，手指的活动，就是大脑的体操。

育儿指导

到四五个月时就应注意锻炼宝宝的手、眼的协调能力和五指的分化，应让宝宝随意自主地抓物，经常按摩宝宝的手指，并让他自由地玩纸、撕纸，训练其敲打、换手、换掌、招手、摸索等动作。可以让宝宝多多体验用手捉、放的感觉，可促进手指头灵活运动。尤其是握着妈妈的手指头，温柔的肤触，更能增进亲子之间的感情。另外，拍拍手发出声音，也会引起宝宝的注意。

妈妈可以教宝宝拍手唱儿歌：“你拍一，我拍一，红冠子绿尾大公鸡。你拍二，我拍二，宝宝是个乖乖孩儿。”既可以发展宝宝手的灵活性，又可以训练宝宝的语言能力。

大动作能力训练——为宝宝独坐做基础练习

这个月的宝宝还不能独坐，需要经过一两个月的练习宝宝才能独自坐上几分钟。这些练习包括平衡感的训练、身体的灵活性训练、骨骼的健壮训练、坐的方法训练等。

育儿指导

直立训练

妈妈两手扶着宝宝腋下，让宝宝站在妈妈的大腿上，保持直立的姿势，并扶着宝宝双腿跳动，每日反复练习几次，可促进宝宝腿的耐受能力以及身体平衡感的协调发展。

翻身训练

进一步做翻身练习，用玩具逗引宝宝翻身，从仰卧转成俯卧，从左侧转至右侧，慢慢发展成能完整地打滚。

靠坐训练

妈妈将宝宝放在有扶手的沙发上，让宝宝靠坐着玩，或者妈妈给予一定的支撑，让宝宝练习坐，支撑力量可逐渐减少，每日可连续数次，每次10分钟。

匍行训练

有时宝宝双腿也离开床铺，身体以腹部为支点在床上打转。用手抵住宝宝足底，用玩具在前面引诱，宝宝会用上肢和腹部开始匍行。能促进宝宝身体和骨骼的生长发育，提高宝宝的智力。

写给妈妈的贴心话

宝宝已经会感受他人的情感

2~6个月的宝宝已逐渐适应环境，积极的情绪反应已占主导地位，宝宝已能非常敏感地感受他人的情绪。例如，宝宝已经学会对妈妈的欢声和笑脸报以微笑和四肢舞动的欢快反应，并主动地对妈妈的亲近发出愉快的情绪反应；对妈妈悲哀的面孔表现出严肃的表情，开始出现了悲伤的情绪。妈妈要多用欢乐的情绪影响宝宝。

育儿指导

宝宝出生后本能发出“天使的微笑”。2~3个月后，宝宝出现“社会性的微笑”。宝宝的笑是突然发出的，伴随着满目发光、两手晃动，接着笑容立即停止，等候大人的鼓励。这时，妈妈应笑脸相迎，轻轻抚摸宝宝，或亲吻，这时，宝宝会以微笑表示满意。

宝宝表现出更多积极的意思

这个月的宝宝，个体差异更加明显了。他懂得多了，喜怒哀乐会有所表示，感觉也更灵敏了，不高兴就会大声哭，高兴时也会大声笑；不爱哭的宝宝可能仍然很乖；会玩的宝宝闹的时候少了。宝宝的哭有了更积极的意义。妈妈不要再把宝宝的哭仅仅当作饿了、尿了等消极信号，宝宝的哭，已经有更多积极的意思了。如不让他拿什么，他会用哭抗议；看不到妈妈就会哭闹。这时，如果爸爸妈妈总是忽视宝宝的哭，宝宝会变得焦躁不安和孤僻，长大了与人的交往能力会比较差。

育儿指导

父母要多拿出一些时间陪伴宝宝、抱抱宝宝、抚摸宝宝，尤其是爸爸的参与，会对宝宝身心健康发展起到积极的作用。爸爸不要把养育宝宝视为妈妈的事情，没有爸爸参与育儿，宝宝长大后，人格会不健全。

慢慢让宝宝接近生人

这个时期的宝宝喜欢接近熟悉的人，能分辨出家里人和陌生人，此时应该有意识地训练让宝宝接近陌生人。这样在接触中，“生人”和宝宝玩，给宝宝玩具，显露出友善可亲的表情，时间长了，随着接触面的扩大，宝宝会通过不断接触陌生人、陌生事和陌生环境，逐步提高适应生人和适应环境的能力，有助于宝宝社交智能的培养。

育儿指导

妈妈要经常抱宝宝到邻居家去串门或抱他到街上去散步，让他多接触人，为宝宝提供与人交往的环境。尤其要多和小朋友玩，这对培养社交，开发智力，促进语言发展十分重要。也可采取逐步过渡的方法，扩大认识面，这样可以多安排一些有过来往的街坊、亲戚，甚至爷爷、奶奶、外公、外婆和他多接触一些，慢慢就会熟悉起来。

Part 6 6个月宝宝

宝宝在这个月的身高约增长2厘米，体重维持450～750克的增长值，头围增长约1.0厘米。囟门在这个月会变得比较小，大多数都在0.8厘米左右，有的还会更小，在0.5厘米左右。看不到囟门的时候，可以通过仔细监测头围的变化来判断是否已闭合，如果头围正常增长，说明囟门没有闭合。另外，也有的宝宝此时囟门会比较大，这个可以结合宝宝出生时的囟门大小考虑，如果出生时就偏大，而此时也的确有相当量的减小，说明也是正常的。

这个时期的宝宝有一个重要的发育变化，就是会在这个时候开始萌出乳牙。

身体发育标准

身高·体重·头围·胸围

		女宝宝	男宝宝
6个月	身高	62.4~71.6厘米，平均67.0厘米	64.0~73.2厘米，平均68.6厘米
	体重	6.2~9.5千克，平均7.8千克	6.6~10.3千克，平均8.5千克
	头围	40.4~45.6厘米，平均43.0厘米	41.5~46.7厘米，平均44.1厘米
	胸围	38.9~46.9厘米，平均42.9厘米	39.7~48.1厘米，平均43.9厘米

6个月宝宝的喂养

为什么要给宝宝添加辅食

辅食可以补充母乳的营养不足

尽管母乳是宝宝的最佳食物，但对4~6个月以后的宝宝来说，母乳中有一些宝宝所需要的营养素的量就变得不足，比如维生素B_1、维生素C、维生素D、铁等，这些相对缺少的营养素宝宝就得通过吃辅食来弥补，而吃牛奶的宝宝更需要添加辅食。

辅食能够增加营养

随着宝宝的逐渐长大，宝宝从饮食中获得的营养素的量必须按照其生长发育的速度来增加。可是，母乳的分泌总量和某些营养素的成分并不会随着宝宝的长大而相应地增多。因此，宝宝除了继续吃母乳外，必须要添加一定量的辅食以满足其生长发育的营养需求。

辅食能够锻炼宝宝的咀嚼能力

宝宝从出生到5个月，仅能吃流质，进而吃半流质食物，到6个月时，宝宝开始长牙，到1岁共长8颗乳牙，已能咀嚼半固体和固体食物，这时逐渐增加辅助食品，可训练宝宝咀嚼动作，促进牙齿生长，锻炼吞咽能力。

为宝宝日后的断奶做准备

在宝宝断奶前让他适应和练习吃辅食，完成从吃流质到吃固体食物的转变，将有助于宝宝顺利地断奶。

贴心小贴士

有的妈妈为了让宝宝吃上辅食而减少母乳或牛奶的量，其实这种做法不妥，6个月的宝宝虽然开始添增辅食，但仍以母乳或牛奶为主食，此时的辅食只能作为一种补充食品让宝宝食用，以后随着月龄的增长，可逐渐增加辅食，适当减少母乳或牛奶，直至断奶。

给宝宝添加辅食的原则

辅食品种从单一到多样

一次只添加一种新食物，隔几天之后再添加另一种。万一宝宝有过敏反应，妈妈便可以知道是由哪种食物引起的了。

辅食质地由稀到稠

首先开始给宝宝选择质地细腻的辅食有利于宝宝学会吞咽的动作，随着时间推移，逐渐增加辅食的黏稠度，从而适应宝宝胃肠道的发育。

辅食添加量由少到多

开始时只喂宝宝进食少量的新食物，分量约一小汤匙，待宝宝习惯了新食物后，再慢慢增加分量。随着宝宝不断长大，他需要的食物亦相对增多。

辅食制作由细到粗

开始添加辅食时，为了防止宝宝发生吞咽困难或其他问题应选择颗粒细腻的辅食，随着宝宝咀嚼能力的完善，可逐渐增大辅食的颗粒。

贴心小贴士

如遇到宝宝不适马上停加辅食；如果宝宝生病或天太热，推迟添加时间。病情较重时原已添的食品应适当减少，待病愈后再恢复正常。

要防止宝宝辅食过敏

宝宝常见的致敏食物有牛奶、鸡蛋、花生、大豆、鱼虾类、贝类、柑橘类水果、小麦等。多数食物过敏原为糖蛋白，牛奶中有40多种不同蛋白质可能有致敏作用。鸡蛋中的卵蛋白、卵黏蛋白等也可引起过敏。鳕鱼、大豆及花生中也有多种可诱发过敏的抗原存在。此外，一些食品添加剂如人工色素、防腐剂、香料等也可引起过敏。因此，在辅食添加过程中不应过早引入这类食物。

第一种给宝宝引入的辅食应该是容易于消化而又不容易引起过敏的食物，米粉可作为试食的首选食物。其次是蔬菜、水果，然后再试食肉、鱼、蛋类。较易引起过敏反应的食物如蛋清、花生、海产品等，应在6个月后才给宝宝喂食。

1岁以内宝宝要少吃或不吃的食物

食物	说明
蛋清	1岁以内的宝宝吃蛋清容易过敏，导致湿疹、荨麻疹等疾病。蛋清要等到宝宝满1岁才能给宝宝喂食
蜂蜜	蜂蜜虽然属于天然食品，但因无法消毒，其中可能含有肉毒杆菌，会引起宝宝严重的腹泻或便秘，不适合给1岁以下的宝宝
有毛的水果	表面有绒毛的水果，如水蜜桃、猕猴桃等含有大量的大分子物质，宝宝肠胃透析能力差，无法消化这些物质，很容易造成过敏反应
矿泉水、纯净水	宝宝消化系统发育尚不完全，过滤功能差，矿泉水中矿物质含量过高，容易造成渗透压增高，增加宝宝肾脏负担
功能饮料	功能饮料中大都富含电解质，由于宝宝的身体发育还不完全，代谢和排泄功能还不健全，过多的电解质，会导致宝宝的肝、肾还有心脏承受不了，加大宝宝患高血压、心律不齐的概率，或者是肝、肾功能受到损害
含大量草酸的蔬菜	韭菜、苋菜等蔬菜含有的大量草酸，在人体内不易吸收，并且会影响食物中钙的吸收，可导致宝宝骨骼、牙齿发育不良，如果非要给宝宝喂食，可以先焯水再烹调
豆类	豆类含有能致甲状腺肿的因子，宝宝处于生长发育时期更易受损害。此外，豆类较难煮熟透，容易引起过敏和中毒反应

6个月宝宝可添加的食物

米粉、米糊或稀粥：锻炼宝宝的咀嚼与吞咽能力，促进消化酶的分泌。可以选用知名厂家生产的营养米粉，也可以自己熬粥。

蛋黄：蛋黄含铁高，可以补充铁剂，预防缺铁性贫血。

动物血：鸡、鸭、猪血等，弄碎了之后调到粥里喂宝宝，可以帮宝宝补铁，预防缺铁性贫血。每周加一次。

蔬菜泥：各种新鲜蔬菜都可以添加，如菠菜、青菜、油菜、胡萝卜、马铃薯、青豆、南瓜等。

水果泥：苹果、香蕉等水果。可用小匙将水果刮成泥状喂给宝宝。但是要注意，一些酸味重的水果，如柠檬，先不要给宝宝吃。

鱼泥：选择河鱼或海鱼，去内脏洗干净，蒸熟或加水煮熟，去净骨刺，取出肉挤压成泥。吃的时候调到米糊里喂宝宝。

贴心小贴士

宝宝长到5个月以后，不仅对母乳或牛奶以外的其他食品有了自然的欲求，而且对食品口味的要求与以往也有所不同，开始对咸的食物感兴趣。妈妈可以在宝宝的辅食里加入少许盐，以增强宝宝对辅食的兴趣。

教新手妈妈做果蔬泥

如何确定宝宝能吃泥糊状食物

把辅食喂到宝宝嘴里时，宝宝会把小嘴闭紧并慢慢地咀嚼。

把小勺放在宝宝嘴边，宝宝会用上唇把勺里的食物抿在嘴里。

菜泥的制作方法

选择新鲜的蔬菜，洗净，用清水浸泡几分钟，沥干，剁成菜泥。

在小锅中放50毫升水，待水烧开后，把菜泥放入水中煮1分钟。如果是能够生吃的菜，一煮开就可以了。

关火后汤里放一滴香油（建议用滴管，以免倒多了导致宝宝腹泻）。

温度降至适宜后，用小勺喂宝宝吃。

果泥的制作方法

香蕉、苹果、草莓等去皮洗净，切小块。

后直接放在研磨碗中研磨成泥。

苹果、香蕉可直接用勺刮成泥状，梨、荔枝、橘子等需要用榨汁机榨成汁，带果肉一起喂。

贴心小贴士

自制泥状食物时，一定要把食物做成真正的泥状，不能有颗粒，尤其是叶子菜，必须剁碎，一点菜叶片都不能有。

宝宝的辅食中能添加调味料吗

有的父母认为添加些调味料，宝宝能更容易接受，其实是没有必要的。

油

刚出生到1岁的宝宝都可以不用油，即使添加辅食，也最好只用水煮或清蒸方式，到了1岁以后可以给宝宝添加少量油调味。比如，给宝宝做汤时少放点芝麻油。到了1岁半左右，宝宝开始尝试着吃种类更多的正餐时，可以用营养高的花生油为宝宝炒菜。

盐

6个月内的宝宝，饮食以清淡为主，辅食没必要添加食盐。6个月后，每天给宝宝喂一两次加盐的辅食就可以了。而3岁以下的宝宝每日食盐用量不超过2克就够了。

糖

4个月后可少量添加，不宜过多。如果在辅食中添加过多的糖，一方面会导致宝宝养成爱吃甜食的坏习惯；另一方面，糖会给宝宝提供过多的热量，导致宝宝对别的食物的摄取量相应减少，胃口也变差。其次，吃糖还容易形成龋齿和引发肥胖。

醋

1岁以前不宜给宝宝食醋。1岁以后，宝宝可以逐渐少量地吃醋，特别是夏季，出汗较多，胃酸也相应减少，而且汗液中还会丢失相当的锌，使宝宝食欲减退，如果在烹调时加些醋，可增加宝宝胃酸的浓度，能起生津开胃、帮助食物消化的作用。

如何选购简单便捷的营养辅食

注意品牌，尽量选择规模较大、产品服务质量较好的品牌企业的产品。

注意外包装，看辅食包装上的标志是否齐全，按国家标准规定，在外包装上必须标明厂名、厂址、生产日期、保质期、执行标准、商标、净含量、配料表、营养成分表及食用方法等项目，若缺少上述任何一项都不规范。

注意营养元素的全面性，要看营养成分表中标明的营养成分是否齐全，含量是否合理，有无对宝宝健康不利的成分。

为宝宝准备磨牙小食品

一般宝宝6个月左右开始长牙了。这时宝宝的牙龈发痒，是学习咀嚼的好时候了。妈妈可以为宝宝准备一些用来训练宝宝咀嚼能力的小食品。

柔韧的条形地瓜干。这是比较普通的小食品，正好适合宝宝的小嘴巴咬，价格又便宜。买上一袋，任他咬咬扔扔也不觉可惜。如果妈妈觉得宝宝特别小，地瓜干又太硬，怕伤害宝宝的牙床，妈妈可以在米饭煮熟后，把地瓜干撒在米饭上焖一焖，地瓜干就会变得又香又软。

手指饼干或其他长条形饼干。此时宝宝已经很愿意自己拿着东西啃，手指饼干既可以满足宝宝咬的欲望，又可以让他练习自己拿着东西吃。有时，他还会很乐意拿着往妈妈嘴里塞，表示一下亲昵。要注意的是，不要选择口味太重的饼干，以免破坏宝宝的味觉培养。

新鲜水果条、蔬菜条。新鲜的黄瓜、苹果切成小长条，又清凉又脆甜，还能补充维生素的摄取。

在长牙时要补充一些高蛋白、高钙、易消化的食物，以促进牙齿健康生长。

贴心小贴士

在宝宝长牙期，妈妈可以给宝宝准备一根磨牙棒。有的特别设计了突出沟槽，具有按摩牙龈的作用；磨牙棒有的会发出奶香味或设计成水果型，比较受宝宝的喜爱。不过，磨牙棒一定要保持清洁。

宝宝这时需要多吃含铁的食物

在宝宝3～4个月时就已经强调了需要给宝宝补铁了，但毕竟3～4个月宝宝的消化能力还太弱，辅食添加自然比较少，宝宝体内的铁含量还是不足，因此，到宝宝6个月的时候最容易出现因为铁元素的缺乏而贫血的症状。宝宝缺铁，容易出现缺铁性贫血，对宝宝生长发育影响很大，所以妈妈要及时给宝宝添加辅食，特别是含铁丰富的辅食。

贴心小贴士

宝宝贫血多为营养性的，是容易通过饮食营养来预防和治疗的。轻度贫血可完全经饮食治愈，中度以上的贫血在用药物治疗的同时也要配合饮食治疗，才可取得满意的效果。

富含铁的食物

前面说到，蛋黄是含铁比较丰富的食物，5个月开始添加辅食是最适当的时机。5个月以上的宝宝，鱼泥、菜泥、米粉、豆腐、烂粥等含铁丰富的辅食可以逐渐增加。

为了补铁，应选择动物性辅食。如瘦肉、肝脏、鱼类中含的铁吸收率在10%～20%。

另外，为了帮助铁元素的吸收，在食用含铁丰富的食物的同时，要多吃含铜丰富的食物，因为铜参与造血。含铜丰富的食物有鱼、蛋黄、豆类、芝麻、菠菜、稻米、小麦、牛奶等。还要吃富含叶酸、维生素B_{12}、维生素C的食物，如绿叶蔬菜、肉类、鱼、水果等。

6个月宝宝的护理

宝宝开始长牙，如何护理

有些6个月的宝宝已经开始长出一两颗牙了，虽然以后还会有换牙期，但在长牙期不给宝宝进行牙齿保健护理，宝宝会很容易得龋齿。龋齿会影响宝宝的食欲和身体健康，会给宝宝带来痛苦。

护理好宝宝的乳牙

每次给宝宝喂养食物后，再喂几口白开水，以便把残留食物冲洗干净，如有必要妈妈可戴上指套或用棉签等清除宝宝嘴里的食物残渣。

入睡前不要让宝宝含着奶头吃奶，因为乳汁沾在牙齿上，经细菌发酵易造成龋齿。睡前可以给宝宝喂少量牛奶，不要加糖。

牙齿萌出前后，妈妈就应早晚各一次，用消毒棉裹在洗干净的手指上，或用棉签浸湿以后抹洗宝宝的口腔及牙齿，还可以用淡茶水给宝宝漱口。

经常带宝宝到户外活动，晒晒太阳，这不仅可以提升宝宝免疫力，还有利于促进钙质的吸收。注意纠正宝宝的一些不良习惯，如咬手指、舐舌、口呼吸、偏侧咀嚼、吸空奶头等。

发现宝宝有出牙迹象，如爱咬人时，可以给些硬的食物如面包、饼干，让他去啃、夏天还可以给冰棒让他去咬，冰凉的食物止痒的效果更好。

贴心小贴士

宝宝萌牙后，应经常请医生检查，一旦发现龋齿要及时修补，不要认为反正乳齿将来被恒齿替代而不处理。

宝宝口水多如何护理

小宝宝流口水是一种正常的生理现象，正常的宝宝从6个月后就开始口水涟涟了，这是出牙的标志，父母不必紧张。宝宝2岁后，其吞咽口水的功能逐渐健全起来，这种现象就会自然消失。但也有的宝宝流涎是因为病理上的，也就是不正常流口水。

虽然宝宝流口水属正常现象，但若置之不理，宝宝流出来的口水会打湿衣襟，容易感冒和诱发其他疾病，有的不经治疗可数年不愈。

随时为宝宝擦去口水，擦时不要用力，轻轻将口水拭干即可，以免伤害宝宝皮肤。

用温水清洗布满口水的皮肤，然后涂抹宝宝霜，以保护下巴和颈部的皮肤。

最好给宝宝围上围嘴，并经常更换，保持颈部皮肤干燥。

当宝宝出牙时，流口水会比较严重，可以给宝宝买磨牙饼干或磨牙棒，帮助宝宝长牙齿，减少流口水。

勤给宝宝清洗枕头，因为宝宝会经常把口水流到枕头上，滋生细菌。

贴心小贴士

如果宝宝口水流得特别严重，最好去医院检查，看看宝宝口腔内有无异常病症、吞咽功能是否正常。有的流涎是由脑炎后遗症、呆小病、面神经麻痹而导致调节唾液功能失调，因此应去医院明确诊断。

怎样减轻宝宝出牙期的痛苦

出牙期的宝宝常有的症状：发脾气、流口水、咬东西、哭闹、牙龈红肿、食欲下降和难以入睡等。这些都是宝宝出牙引起的正常现象。虽然属正常现象，但不管不顾，宝宝只会越来越痛苦，妈妈可以采取一些方法来减轻宝宝在出牙期的痛苦。

按摩牙龈 妈妈洗净双手，用手指轻柔地摩擦宝宝的牙龈，有助于缓解宝宝出牙的疼痛。但是，等到宝宝力气长足，牙也出来几颗时，妈妈要注意别让宝宝咬伤自己。

冷敷牙龈 让宝宝嚼些清凉的东西不仅有助于舒缓发炎的牙龈，还有一些美味可口的东西，如冰香蕉或冷胡萝卜，可以吸引宝宝很长时间。妈妈也可以让宝宝吮吸冰块，但冰块必须用消毒过的毛巾包住，且妈妈还必须帮宝宝拿着毛巾。

巧用奶瓶 在奶瓶中注入水或果汁，然后倒置奶瓶，使液体流入奶嘴，将奶瓶放入冰箱，保持倒置方式，直至液体冻结。宝宝会非常高兴地咬奶瓶的冻奶嘴。妈妈记得要不时查看奶嘴，以确保它完好无损。

让宝宝咀嚼 咀嚼可帮助牙齿冒出牙龈。任何干净、无毒、可以咀嚼、万一吞咽也不会因为过大或过小而堵住气管的东西都可以给宝宝用来咀嚼。市面上的磨牙饼是很好的选择(尽管会让宝宝身上脏兮兮的)，有点硬的面包圈也是宝宝咀嚼的绝佳物品。

转移宝宝的注意力 最好的方法可能是让宝宝不再注意自己要冒出牙齿的牙龈。试着和宝宝一起玩他最爱的玩具或者用双手抱着宝宝摇晃或跳舞，让宝宝忘记不适感。

贴心小贴士

不是特别需要的情况下，最好不要使用儿童专用的非处方类镇痛药，比如儿童用泰诺琳滴剂。到必须要用时，请务必严格遵循包装上的说明，24小时内宝宝的服药次数通常不得超过三次。

宝宝长牙会发烧吗

有的宝宝出牙时会发低热，体温多数在38℃(肛温)以下。如果妈妈发现长牙期的宝宝有发烧的迹象，需要注意观察宝宝的精神状态，不要随意给宝宝吃药。感冒的话宝宝会有一些症状：如精神不好、吃饭不好、尿少、不爱喝水等；如果是长牙的话他会很躁动、不安静，还会咬东西等，妈妈多注意一下。

如果确定宝宝不是感冒，只是长牙时牙龈肿引起的发烧，妈妈只需给宝宝进行物理降温就可以了。物理降温方法：用温水擦拭宝宝四肢、腋下、脖子后面，一定要是温水不能是凉水，但额头可以用凉水冷敷。同时要给宝宝补充大量的水。如果体温超过38.5℃，可以给予一些常规退烧药如百服宁、泰诺。当然，给宝宝服药最好征得医生的同意。

如果发烧持续不退的话，妈妈就要带宝宝去看下医生了。

贴心小贴士

在进行这些降温处理时，如果宝宝有手脚发凉、全身发抖、口唇发紫等所谓寒冷反应，要立即停止。

学会给宝宝测量体温

腋下测量法

在测温前先用干毛巾将宝宝腋窝擦干，再将体温表的水银端放于宝宝腋窝深处而不外露，妈妈应用手扶着体温表，让宝宝屈臂过胸，夹紧（需将宝宝手臂抱紧），测温7~10分钟后取出。洗澡后需隔30分钟才能测量，并注意体温表和腋窝皮肤之间不能夹有内衣或被单，以保证其准确性。正常腋下体温一般平均为36~37℃。

肛门内测量法

肛门内测量时，选用肛门表，先用液体石蜡或油脂（也可用肥皂水）滑润体温表的水银端，再慢慢将表的水银端插入宝宝肛门3~4.5厘米（1岁以内的小宝宝1.5厘米即可），妈妈用手捏住体温表的上端，防止滑脱或折断，3~5分钟后取出，用纱布或软手纸将表擦净，阅读度数。肛门体温的正常范围一般为36．8~37．8℃。

测量体温最好在每天早上起床前和晚上睡觉前。在运动、哭吵、进食、刚喝完热水、穿衣过多、室温过高或在炎热的夏季，需等20~30分钟再测量。

贴心小贴士

体温表用毕，将表横浸于75％酒精中消毒30分钟，取出后用冷开水冲洗，擦干后放回表套内保存备用。体温表切忌加温消毒或用热水冲洗，以免损坏。

宝宝怕生怎么办

宝宝一般从4个月起就能认妈妈了，6个月开始认生，8~12个月认生达到高峰，以后逐渐减弱。有些父母会认为自己的宝宝没出息，其实认生是宝宝发育过程的一种社会化表现。认生程度与宝宝的先天素质有关。

当宝宝开始区别父母和陌生人时，妈妈就要开始训练宝宝形成与人沟通、适应新事物、新环境的能力，以防止宝宝过于认生，从而形成胆小、害羞的性格。

平时要注意多鼓励宝宝，不用宝宝的缺点去和其他宝宝的优点比，要让宝宝觉得自己不比别的宝宝差。

可以有意识地锻炼宝宝的胆量，比如爸爸妈妈短时间外出的时候，试着让宝宝自己一个人在家里待一会儿；让宝宝学会主动向别人问个好，说句话；让宝宝独立地去完成一些事情等。通过这些事，锻炼宝宝的胆量。

鼓励宝宝与人接触交往。要让宝宝和同龄伙伴多接触，有意识地邀请一些小朋友到家中来，让他做小主人。平时注意帮助宝宝结交新朋友。

父母要端正教育态度，从思想上认识对宝宝的溺爱、娇宠，只会造成宝宝怯懦、任性的性格。父母要树立起纠正宝宝怯懦性格的信心，要认识到只有教育得当，才能使年幼的宝宝得到健康发展。

贴心小贴士

不要急于求成想改变宝宝怕生的性格而一下将宝宝置身在陌生环境中，那样对宝宝的发展是不利的。

宝宝要不要上早教班

首先，我们要肯定早教对宝宝的重要意义，妈妈需要进一步做出决断的是宝宝的早教途径，早教班属于实施早教的途径之一，但与宝宝的关系并不是必要条件，宝宝缺了它并不是就不能施行早教了，而有了它也不一定就能获得完美的早教。我们认为，对大多数宝宝来说，早教班属于自愿项目，如果家长有经济能力，同时又愿意宝宝去早教班体验一下，那么未尝不可；如果宝宝在家早教很正常、很快乐，也没必要非去早教班不可，特别是超出自己的经济预算时。

即便宝宝去上了早教班，妈妈也一定要先端正自己的态度，不能认为早教班就是万能的，只要宝宝上了早教班，就完成了早教；相反，还需要降低自己对早教班的期待，不要期待着宝宝能在早教班获得一日千里的进步，不然就本末倒置了，宝宝的进步靠的不是别人，而恰巧是父母的细心照护，以及与宝宝的亲子交流、互动能起更大作用。

6个月宝宝的早教

语言能力训练——让宝宝模仿妈妈发音

育儿指导

让宝宝模仿妈妈发音

模仿是宝宝最好的学习方式。妈妈抓住宝宝的一只手，放在妈妈嘴上，发一个长音："啊——啊""呜——呜"等。然后把宝宝的手从妈妈嘴上挪开，和宝宝面对面，用丰富的表情重复上面的音节，逗引宝宝注意妈妈的口型。

训练宝宝听儿歌做动作

让宝宝面对着妈妈坐在妈妈的膝上，妈妈用甜美的声音给宝宝唱儿歌，一边唱一边做动作。妈妈唱儿歌时语速要慢，要有意识地引导宝宝模仿，同时有助于宝宝理解。训练宝宝听儿歌做动作，可以培养宝宝的语言能力和倾听能力，以及身体协调运动及控制能力等。

训练宝宝听声辨人

当爸爸回家时妈妈说"爸爸回来了"，宝宝马上朝门的方向转头看爸爸。宝宝在父亲怀中听说"妈妈"时马上朝妈妈看，并且要妈妈抱，可以训练宝宝的观察力、注意力。

贴心小贴士

如果宝宝不经意地发出声音了，妈妈要温和、耐心地引导他发出特定的声音（例如"啦！啦！啦！"），每一次只教他发一种声音。

精细动作能力训练——让宝宝撕纸

撕纸是一种高难度动作，它不但有益于宝宝手指运动，同时还是一种有声的玩具。为了锻炼宝宝手的活动能力，妈妈可以给宝宝一些纸，让他去撕，能够训练他手指的灵活性。

育儿指导

让宝宝两手拿纸，初次玩可把纸中间撕一个小口，这样宝宝撕起来会容易一些。妈妈也可握着宝宝的手，教宝宝撕，慢慢地他就会自己去撕了。妈妈还可和宝宝合作，两人各用一只手撕纸。

贴心小贴士

废旧的报纸和书刊，尤其报纸上面的油墨很容易脱落，这些油墨含有铅，对宝宝的健康不利。因此撕纸后，一定要给宝宝把小手清洗干净，并且，一定要防止宝宝在小手没洗干净之前吃手，或者用手拿东西吃。

大动作能力训练——训练宝宝独坐

6个月以后的宝宝能够独坐是其动作发育的重要一步。坐着看事物更清楚，坐着玩更得心应手，坐着伸手取物更方便，坐着可以使背肌的发育健全。

育儿指导

为利于宝宝坐的能力的发展，父母应鼓励并满足其“想坐”的尝试，让宝宝坐着玩摇晃物，或让其伸手取物，用工具敲打地面，摇动玩物或者由大人举起玩物让宝宝伸展肢体去取。

根据宝宝的发展情况可以考虑让他坐在地面上，用枕头垫背，代替软床，因为地面平坦、坚硬不会上下摇动，坐得更牢固。

> **贴心小贴士**
>
> 宝宝一次坐多久，应根据宝宝的情形定，以不让宝宝感觉累为宜。有时宝宝玩玩具很高兴，多坐10分钟也无妨。宝宝坐累了妈妈会发现他的身子就开始有点往下沉沉的，这个时候就可以马上给他换姿势啦。宝宝在吃奶以后最适合坐一小会儿，如果吃奶以后就躺下很容易造成溢奶。

写给妈妈的贴心话

宝宝喜欢和外界沟通

对外界，宝宝始终保持着浓厚的兴趣，4~6个月时，他会迷上与外界沟通，他害怕孤独，不喜欢一个人独处，即使自己一个人时，也要发出各种声音，有时还会以假咳嗽和咂舌声来吸引爸爸妈妈的注意。

宝宝还学会关爱别人，当妈妈靠近时，他可能会像小大人一样摸着妈妈的脸表示问候和关心，当宝宝黏着妈妈不放时，妈妈一定要紧紧地抱着他，满足他表达情感的需要。

育儿指导

当宝宝认生时，有的爸爸妈妈干脆避免宝宝见陌生人，这是不对的。对外部世界的认识需要慢慢适应和积累，爸爸妈妈应充当好引导者的角色，让宝宝慢慢地主动地接纳陌生人，不能等到有一天宝宝长大了，却仍然不能自然地与陌生人交流。

培养宝宝的爱心

社会是由人组成的，人与人之间有爱心，社会才能和谐与进步，所以妈妈从小就要培养宝宝的爱心，这对宝宝长大以后形成社会亲和性具有重要意义。

育儿指导

妈妈可以给宝宝买一些柔软的绒毛玩具，比如小熊、小狗、娃娃等。把玩具交给宝宝以后，妈妈应鼓励宝宝温柔地对待他的玩具，和他的玩具一块儿做游戏。妈妈可以教宝宝怎样抱绒毛玩具，并做示范给宝宝看。这时的宝宝已经有了很强的模仿力，妈妈的教导一定会让宝宝学会彬彬有礼和善意待人的好品德。

妈妈还可以给宝宝找一个小伙伴，小伙伴可以比宝宝大，例如2~3岁，他会逗宝宝笑。宝宝会很喜欢他的小伙伴，会做出亲昵友爱的反应。这样做不仅对宝宝的视觉体验很有好处，而且还会使宝宝产生对他人、对周围环境的信任感和安全感。

Part 7

7个月宝宝

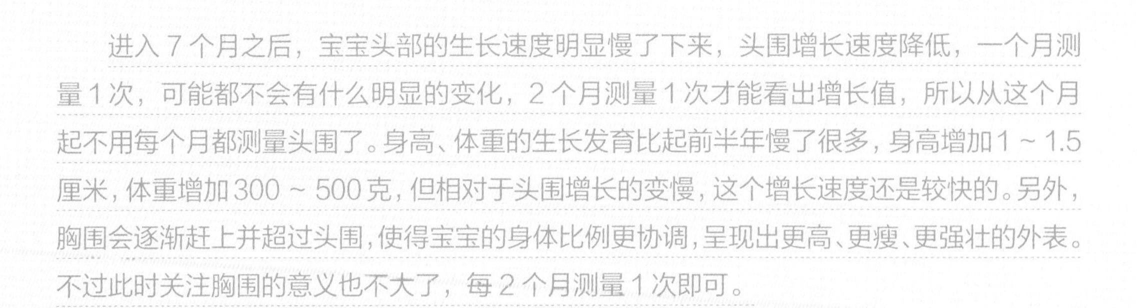

进入7个月之后，宝宝头部的生长速度明显慢了下来，头围增长速度降低，一个月测量1次，可能都不会有什么明显的变化，2个月测量1次才能看出增长值，所以从这个月起不用每个月都测量头围了。身高、体重的生长发育比起前半年慢了很多，身高增加1～1.5厘米，体重增加300～500克，但相对于头围增长的变慢，这个增长速度还是较快的。另外，胸围会逐渐赶上并超过头围，使得宝宝的身体比例更协调，呈现出更高、更瘦、更强壮的外表。不过此时关注胸围的意义也不大了，每2个月测量1次即可。

身体发育标准

身高·体重·头围·胸围

		女宝宝	男宝宝
7个月	身高	63.6~73.2厘米，平均68.4厘米	65.5~74.7厘米，平均70.1厘米
	体重	6.4~10.1千克，平均8.2千克	6.9~10.7千克，平均8.8千克
	头围	42.2~46.3厘米，平均44.2厘米	42.4~47.6厘米，平均45.0厘米
	胸围	39.7~47.7厘米，平均43.7厘米	40.7~49.1厘米，平均44.9厘米

7个月宝宝的喂养

每天给宝宝添加多少辅食合适

次数	辅食2次（上午10点，下午2点）
	母乳或配方奶3次（早上6点，下午6点，晚上10点）
辅食种类和食用量	谷类（7倍稀粥50~80克）
	蛋（蛋黄1个）
	豆腐（40~50克）
	乳制品（85~100克）
	鱼肉（13~15克）
	肉类（10~15克）
	蔬菜水果（25克）

吃辅食的量和时间没有硬性的规定，对于7~9个月的宝宝来说，喂食的次数一天2次，可分别在上午10点和下午2点左右，喂食的量以宝宝不吃了为止。

一旦宝宝每天吃两次辅食，配方奶的量就要减少。但这时期营养主要来源还是母乳和配方奶，所以吃完辅食后，如果宝宝还想喝奶，还是要让他喝。

另外，宝宝到了7~8个月大时，食量可能会变小，或者有时吃、有时不吃，变得很不稳定。妈妈对于宝宝食量突然变小都会感到担心，但是如果宝宝精神或情绪都很好，就不必在意。

可逐渐添加固体食物

进入第7个月，宝宝的体格发育逐渐减慢，自主活动明显增多，每天的热能消耗不断增加，饮食结构也要随之进行调整。同时，大部分的宝宝在第7个月已经开始长牙，有了咀嚼能力，舌头也有了搅拌食物的功能，可以吃一点细小的颗粒状食物和小片柔软的固体食物了。

这一阶段辅食添加的基本原则是：每天添加的次数基本不变，一天2~3次，添加的时间不变，可以在上午睡前添一次辅食，午睡后再添一次辅食。早、中、晚吃三次奶。但是要尝试着使辅食的种类更加丰富，并且要注意合理搭配，以保证能给宝宝提供充足而均衡的营养。

给宝宝添加的食物的硬度以用舌头能压碎为宜，大概像豆腐和鸡蛋羹那样的程度。这个阶段宝宝是用舌头压碎食物的，若食物有形状，宝宝就很难用舌头和上腭轻松压碎。虽然这时已经不必用网筛将食物滤成泥，可是为了有滑嫩的口感，可以考虑用少许水淀粉或玉米粉勾芡，让食物变得滑润黏稠，不但口感滑顺，宝宝也更容易吞咽。

贴心小贴士

给宝宝添加固体食物时，不要因为担心宝宝嚼不动，妈妈就自己先嚼碎后给宝宝吃。这种方法看似简单可行，其实是一种既不卫生，又不文雅的办法。

7个月宝宝可添加的食物

米粉、麦粉、米糊：为宝宝提供能量，并锻炼宝宝的吞咽能力。

粥：可以用各种谷物熬成比较稠的粥，还可以在粥里加一些肉泥和切得比较烂的蔬菜。

蔬菜和水果：各种蔬菜水、果水、菜泥、果泥都可以尝试给宝宝吃。但是葱、蒜、姜、香菜、洋葱等味道浓烈、刺激性比较大的蔬菜除外。

鱼泥和肉泥：鱼可以做成鱼肉泥，也可以给宝宝吃肉质很嫩的清蒸鱼，但是要注意挑干净鱼刺。

肝泥：含有丰富的铁、蛋白质、脂肪、维生素A、维生素B_1及维生素B_2，能帮宝宝补充所需要的营养。

动物血：含有丰富的铁质，能帮宝宝预防缺铁性贫血。

豆腐：含有丰富的蛋白质，并能锻炼宝宝的咀嚼能力。

贴心小贴士

如果给宝宝喂鱼汤，不能和其他食品混合，单纯喂鱼汤就行了。每天喝菜汤90毫升左右，果汁90毫升左右，菜泥1~3匙，蛋黄1个，烂粥或烂面条几口。

宝宝最好天天吃点蔬菜

每天吃点蔬菜的目的是为了摄入维生素和矿物质，但是在添加辅食的过程中，有的妈妈看见宝宝不喜欢吃蔬菜而喜欢吃水果，于是就用水果代替蔬菜喂食宝宝，这是极不恰当的。

一般而言，母乳喂养的宝宝5～6个月每日可吃水果25克，7～9个月的宝宝一天可吃50克，到1岁时每天吃75～100克就足够了。新鲜蔬菜宝宝可以天天吃，顿顿吃最好，尤其是那些大便较干燥的宝宝，更要多吃新鲜蔬菜。

怎样给宝宝添加稀粥

这个时期的宝宝已经能吞咽下稀粥了，所以妈妈可把宝宝的主要辅食由原来的米粉转换成稀粥。在7个月的初期可用7倍水的稀粥喂食宝宝，等宝宝习惯后再逐渐减少水分，用5倍稀粥喂食宝宝。

7倍稀粥

先将大人用的米洗好倒入锅中，再将宝宝的煮粥杯置于锅中央，煮粥杯内米与水的比例为1∶7。也可用白饭，2大匙白饭需搭配半杯多的水。

像平常一样按下开关。锅开后，杯外是大人的米饭，杯内是给宝宝喝的稀粥。

7个月初刚用7倍稀粥喂宝宝时，如果宝宝的喉咙特别敏感，可先将稀粥压烂后再喂食。

5倍稀粥

同样，先将大人用的米洗好倒入锅中，再把宝宝的煮粥杯置于锅中央，杯内米与水的比例应为1∶5。1大匙米约需搭配1/3杯的水，如用白饭熬煮，则2大匙白饭需要搭配1/3杯多的水。

5倍稀粥煮好后，如果宝宝喉咙较敏感，也可先将稀粥压烂后再喂食。

贴心小贴士

给宝宝煮粥时，可在里面加入一些碎豆腐，也可将豆腐氽烫后用汤匙压碎，再放入煮好的粥中，给宝宝食用。

肉类辅食应该怎么做

肉类食品是铁、锌和维生素A的主要来源，婴儿7个月时就可以添加肉泥，9个月时就可以完全吃肉了。但要注意适量，总量可由每天平均摄入10克上升到20～30克。可按照鸡肉→猪肉→牛肉的顺序进行添加。

肉类的选择

对于宝宝来说，最好选择瘦肉，如猪肉的里脊，这个部位的肉就较瘦，而且脂肪少。除此之外，也可以选择吃瘦牛肉、瘦羊肉、去皮鸡胸脯肉、鱼肉等，以保证优质蛋白质的摄入，同时保证微量元素锌及维生素B_{12}等其他营养素的获取。

肉类的制作

挑选不带脂肪的瘦肉剁成馅，或直接购买瘦肉馅。

倒入比肉馅多5倍的冷水，慢慢熬煮。

肉熬烂后摊于网勺内，用水冲洗干净。

喂食时，需再将肉捣烂，才容易入口。

将捣烂的肉碎调成黏稠状，即可给宝宝食用。

贴心小贴士

有的妈妈怕宝宝吃肉卡住喉咙，觉得汤的营养应该会更丰富一些，于是就每天换着花样地给宝宝煲各种汤，鱼汤、鸡汤、鸭汤、肉汤等。其实，由于煲汤时水温升高，动物性食物中所含的蛋白质遇热后发生蛋白质变性，就凝固在肉里，真正能溶到汤中的蛋白质是很少的。如果宝宝只喝汤、不吃肉，就等于“丢了西瓜捡芝麻”，把绝大部分营养素都丢失了。

宝宝吃了辅食后讨厌奶粉怎么办

到6个月左右，有的宝宝添加了辅食，开始不愿意接受奶粉，这是因为宝宝比较喜欢新口味的食品，对奶粉暂时失去了兴趣。妈妈可以采取以下应对方法帮宝宝顺利度过厌奶期。

不要随意更换奶粉。这时宝宝本来奶量就有所减少，增加辅食后，丰富多样的口感容易使宝宝对吃奶失去兴趣，如再忽然将平时吃熟悉的奶粉更换便会引起宝宝拒食，要换奶粉需采用前面提到的渐进式的添加方法：混合置换或一顿一顿置换。

了解原因，补充需求。如果宝宝厌奶是因为生病了，那就必须先依症状的不同给予适当的食物，如便秘会影响食欲，导致无心喝奶，这时给些蔬菜、水果等富含维生素的食物，可改善便秘，等便秘好后自然就又吃奶了。

如果宝宝实在不想吃牛奶或奶粉，妈妈不要每天强行地喂，否则产生厌奶情绪，反而会一直不想吃了。妈妈可想办法提供一些含钙的食物替代，过一段时间再喂牛奶或奶粉宝宝就接受了。

给宝宝制造一个安静进食的环境，以免分心而忘记吃奶。

贴心小贴士

有的宝宝只是暂时性的厌奶，一段时间过去后，随着运动量的增加，奶量又会恢复正常。这并不是“自我断奶”，所以不能贸然给宝宝断奶。

7个月宝宝的护理

宝宝感冒引起发烧了怎么办

如果宝宝的口腔温度超过37.5℃，直肠温度超过38.0℃或腋下温度超过37.0℃，宝宝就发烧了。

正常体温：宝宝的腋下温度在37.0℃左右，一天中稍有波动。

低热：腋下体温在37.5～38.0℃。

中度热：腋下体温在38.1～39.0℃。

高热：腋下体温在39.1～41.0℃。

超高热：腋下体温在41.0℃以上。

宝宝发烧应急措施

少穿衣服，给宝宝散热。传统的观念就是小孩一发烧，就要用衣服和被子把小孩裹得严严实实的，把汗"逼"出来，其实这是不对的。小孩在发烧时，会出现发抖的症状，父母会以为孩子发冷，其实这是因为他们体温上升导致的痉挛。所以，宝宝发热时，父母不要给宝宝穿得太厚，特别是婴幼儿裹得不可过紧，否则会影响散热，使体温降不下来。

帮宝宝物理降温，有以下常用方法：

头部冷湿敷：用20～30℃冷水浸湿软毛巾后稍挤压使不滴水，折好置于前额，每3～5分钟更换一次。

头部冰枕：将小冰块及少量水装入冰袋至半满，排出袋内空气，压紧袋口，无漏水后放置于枕部。

温水擦拭或温水浴：用温湿毛巾擦拭宝宝的头、腋下、四肢或洗个温水澡，多擦洗皮肤，促进散热。

酒精擦浴：适用于高热降温。方法：准备20%～35%的酒精200～300毫升，擦浴四肢和背部。酒精毕竟是化学物质，若父母没有尝试过就不要轻易使用这种方法，以免使用不当给宝宝带来伤害。

补充充足的水分，不要随便吃药：高热时呼吸增快，出汗使机体丧失大量水分，所以父母在宝宝发烧时应给他充足的水分，增加尿量，可促进体内毒素排出。

如果经过上述应急方法，宝宝仍没有退烧，就应立即送医院。

贴心小贴士

当宝宝生病发烧时，爸妈不要只注意体温的高低，而更需要观察宝宝的一般情况。如果宝宝的精神状态比较好，能够正常吃、睡、玩，那么就说明病得并不太重。相反的话，则需要格外重视。但是，宝宝发高烧时，体温上升的速度快就容易发生惊厥。这种单纯性的高热惊厥有遗传性，所以有高热家族史的宝宝发烧时要特别注意。

宝宝感冒引起咳嗽了怎么办

止咳方法

水蒸气止咳法：如果宝宝咳嗽严重，可让宝宝吸入蒸气；或者抱着宝宝在充满蒸气的浴室里坐5分钟，潮湿的空气有助于帮助宝宝清除肺部的黏液，平息咳嗽。

热水袋敷背止咳法：热水袋中灌满40℃左右的热水，外面用薄毛巾包好，然后敷于孩子背部靠近肺部的位置，这样可以加速驱寒，能很快止咳。

热饮止咳法：多喝温热的饮料可使宝宝黏痰变得稀薄，缓解呼吸道黏膜的紧张状态，促进痰液咳出。最好让宝宝喝温开水或温的牛奶、米汤等，也可给宝宝喝鲜果汁，果汁应选用刺激性小的苹果汁和梨汁等，不宜喝橙汁、西柚汁等柑橘类的果汁。

护理咳嗽的宝宝

打开窗户透透气：宝宝晚上咳嗽时，妈妈可以在确保宝宝暖和的情况下打开卧室窗户，让新鲜的空气进入房间，较为潮湿的冷空气有助于缓解呼吸道膨胀的症状。

尽量保持宝宝鼻腔的清洁：如果宝宝咳嗽并伴有鼻塞或流鼻涕的症状，应及时为宝宝清理鼻腔，鼻塞或流鼻涕都将加重咳嗽症状。

夜间抬高宝宝头部：如果宝宝入睡时咳个不停，可将其头部抬高。头部抬高对大部分由感染引起的咳嗽是有帮助的。还要经常调换睡的位置，最好是左右侧轮换着睡，有利于呼吸道分泌物的排出。

咳嗽的宝宝喂奶后不要马上躺下睡觉，以防止咳嗽引起吐奶和误吸。如果出现误吸呛咳时，应立即取头低脚高位，轻拍背部，鼓励宝宝咳嗽，通过咳嗽将吸入物咳出。

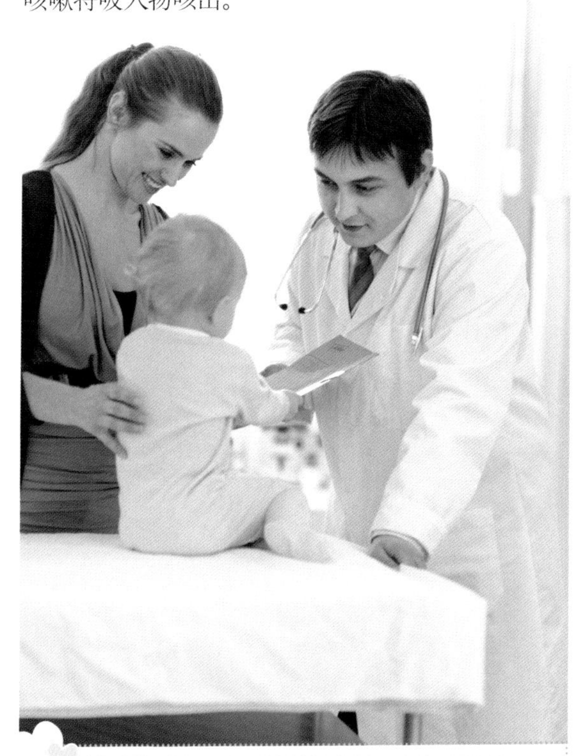

贴心小贴士

妈妈不要自行给宝宝服用咳嗽药，必须经医生允许后才能给宝宝服用，而且给宝宝使用咳嗽药时，要注意不要单纯使用中枢镇咳药，小孩咳嗽多为有痰咳嗽，应先祛痰再止咳。

宝宝咳嗽时不能吃的食物

寒凉食物：饮食过凉，容易造成肺气闭塞，症状加重，日久不愈。

肥甘厚味的食物与油炸食物：中医认为咳嗽多为肺热引起，宝宝尤其如此。日常饮食中，多吃肥甘厚味的食物可产生内热，加重咳嗽，且痰多黏稠，不易咳出。油炸食物也不要多吃。宝宝咳嗽时胃肠功能比较薄弱，油炸食品可加重胃肠负担，且助湿助热，滋生痰液，使咳嗽难以痊愈。

鱼腥虾蟹：一般人都知道咳嗽需忌“发物”，不宜吃鱼腥，鱼腥对“风热咳嗽”影响最大。对某些鱼、蛋过敏的小宝宝更应注意，其中以白鲢、带鱼影响最大。

甜酸食物：酸食常敛痰，使痰不易咳出，以致加重病情，使咳嗽难愈。咳嗽严重时连一些酸甜的水果，如苹果、香蕉、橘子、葡萄等也不宜吃，多吃甜食还会助热，使炎症不易治愈。

花生、瓜子、巧克力等零食：这类点心、坚果类食品含油脂较多，食后易滋生痰液，使宝宝咳嗽加重。

补品：宝宝咳嗽时不要服用补品，即使是体质虚弱的宝宝也不应服用，否则会使宝宝咳嗽难愈。

贴心小贴士

宝宝咳嗽时饮食要清淡，易消化，可多喝开水、白菜汤、米汤、牛奶、鲜果汁等，还可吃些豆制品、鸡蛋、蔬菜等。

宝宝鼻塞难受怎么缓解

把宝宝的头向后仰，往他的鼻孔里滴几滴非处方的生理盐水，轻轻揉捏，来湿润松软鼻子里的鼻屎。几分钟后，用一个吸鼻器把水和鼻屎吸出来。你还可以在宝宝鼻孔边缘抹点凡士林，免得他难受。注意，未经医生许可，不要给宝宝使用鼻腔喷雾制剂。喷雾制剂可能暂时有效，但长期使用有反作用，会使鼻塞更严重。

用一个加湿器来湿润宝宝房间里的空气，或者让宝宝吸温热的水蒸气也有助于改善鼻塞，注意水温别太高，免得烫伤宝宝。洗个温水澡也能改善宝宝的鼻塞。在宝宝头枕部位的床垫底下塞两条毛巾，以便使床垫的一头略微抬高一些。让宝宝睡觉时头稍微高一点，这会有助于减轻鼻涕从鼻腔后部流出来并在咽喉部堆积的感受，但是注意别垫得太高了。因为如果你的宝宝睡觉不安稳，也许他的头和脚会调个儿，造成脚比头高，这样结果就会适得其反了。

宝宝感冒到什么程度需要去医院

宝宝感冒什么时候需要去医院要根据宝宝的月龄而定。如果你的宝宝还不到6个月，一旦发现他有任何生病的迹象，都应该马上去医院，尤其是当宝宝发烧超过38℃（腋下温度）或咳嗽的时候。如果你的宝宝6个月或更大了，发烧超过38.5℃，也应该去医院。要是你对此有任何不确定，一定要向医生咨询。

✿ 另外，不论你的宝宝多大，如果你发现以下现象都应该去医院：

宝宝病了3天不但没有好转，病情反而加剧；或者感冒症状持续7天以上，并出现吃奶差、睡眠不安稳、烦躁或大小便异常等情况。

宝宝的咳嗽更厉害了，而且开始气喘。这些症状可能是肺炎或呼吸道合胞病毒（RSV)感染的征兆。呼吸道合胞病毒感染是一种1岁以下宝宝相当常见，并且有潜在危险性的呼吸疾病。

宝宝吃奶时哭，或者又拽又蹭自己的耳朵，这些可能是耳部感染的征兆。

宝宝感冒后喝鸡汤管用吗

鸡汤能够缓解感冒症状，比如疼痛、疲倦、鼻塞、发烧等。当然，你也可以选用其他种类宝宝爱喝的温热的汤，帮助缓解他的不适感。只是要提醒你的是，只有6个月以上的宝宝才能喝鸡汤。

按照常规方法给宝宝炖鸡汤，不必放盐，让他趁鸡汤温热的时候喝。注意鸡汤不能太烫，也不能太凉，同时也别做得太油了。

如果宝宝不足6个月，那就只能喝母乳、配方奶或其他医生建议的液体。注意，那么小的宝宝通常不需要喝水，补水太多也许反而对他有害。

宝宝感冒时可以给宝宝泡脚

给宝宝泡脚，只要有一盆温热的水就可以了，注意不要太热，免得烫着宝宝，最好你每次都先用手肘试试水温。

如果你的宝宝还不能自己坐，你可以抱着他给他泡脚。对于自己能坐住的宝宝，可能你也需要用玩具或者其他方法来哄他，让他愿意泡脚。通常头一两次会有些困难，但等宝宝习惯后，他就会喜欢泡脚了，因为这的确会让他觉得很舒服。等宝宝适应盆里的水温后，可以再略加些热水，但一定小心不要烫到宝宝。为了加强效果，你也可以用几段葱和几片姜煮开的水给宝宝泡脚。

贴心小贴士

如果宝宝足浴后身体发热或者出汗，一定要给他把汗擦干，注意保暖，以免他被风吹到，再次着凉、感冒。

7个月宝宝的早教

语言能力训练——继续训练宝宝发音

这个时期的宝宝，常常会主动与他人搭话，这时无论是妈妈还是家里其他亲人，都应当尽量创造条件和宝宝交流与"对话"，为宝宝创造良好的发展语言的条件。随着语言的发展，也增加了宝宝的交往能力。

育儿指导

妈妈继续训练宝宝发音，如叫爸爸、妈妈、拿、打、娃娃等。家人要多与宝宝说话，多引导他发音，扩大语言范围。还可引导宝宝用动作来回答问题，如再见、欢迎等。另外，妈妈还要继续定时用录放机或VCD给宝宝放一些儿童乐曲，提供一个优美、温柔和宁静的音乐环境，提高其对音乐歌曲的语言理解能力，也有利于语言的发展。

精细动作能力训练——让宝宝捡珠子

7个月的宝宝，已经能集中所有的精力去关注某一个物体，并能够注视较远距离的物体，距离感更加精确，视觉和触觉也比较协调了。此时让宝宝捡珠子，可以很好地锻炼宝宝的手指灵活性。

育儿指导

妈妈在一张白纸上放一粒红色珠子，让宝宝用手去抓，看宝宝能否抓得到。如果抓不到，可提示，也可以在白纸上放3~4粒大小不同、颜色不同的珠子，让宝宝去抓，看宝宝喜欢抓哪种颜色，这种做法也为以后培养宝宝认识颜色做准备。

除了让宝宝捡珠子，妈妈还可以利用以下方法来发展宝宝精细动作能力：

随意换取

妈妈将有柄带响的玩具让宝宝握住，妈妈手把手摇动玩具，宝宝自己也会学摇动玩具。妈妈给宝宝两个玩具，让宝宝一手一个玩具或是摇动或是撞击敲打出声。给宝宝一手拿一个玩具，然后在宝宝身旁放两件玩具，让宝宝两手交换玩具，并取玩具。

对击玩具

选用不同质地和形状、能带响声的玩具，让宝宝一手拿一个。如左手拿块方木，右手拿带响的塑料玩具，示范和鼓励宝宝对敲。随之可更换不同的玩具，鼓励他继续对敲，既有响声，手又会接触到不同质地和形状的玩具，促进其感知能力的发展。

大动作能力训练——训练宝宝爬行

7个月的宝宝，已经很好的掌握“爬”这项活动的技巧了，妈妈可以根据宝宝的这一特点，对宝宝进行训练。可以让宝宝体验爬行的乐趣，训练双脚力量，并为行走做准备。

育儿指导

刚开始学爬时，宝宝可能不是很会，妈妈可以在前方摆放能吸引宝宝注意的玩具，引诱宝宝去抓。如：妈妈在宝宝前面摆弄会响的小鸭子吸引他的注意，并不停地说：“宝宝，看鸭子，快来拿啊！”爸爸则在身后用手推着宝宝的双脚，使其借助外力向前移动，接触到玩具，以后逐渐减少帮助，训练宝宝自己爬。

等到宝宝会爬后，妈妈可以在居室内用一些桌子、大纸箱等，设置种种障碍，并且在“沿途”放一些小玩具穿上小绳，更能吸引宝宝寻找，激发他爬行的乐趣。

而且，为了提高宝宝爬的兴趣，妈妈最好能和宝宝一起爬着玩，从这个房间爬到另一个房间，然后钻过桌子和大纸箱，再把小件物品找到，挂在宝宝或者是妈妈的脖子上。如果宝宝此时对脖子上的玩具起了兴趣，爸爸可以在前面出示其他的玩具，逗引宝宝爬行，直到爬完设置的路线。

写给妈妈的贴心话

让宝宝对自己有信心

7个月的宝宝上身已经有一定的力量，并且可以完全控制自己的头部，大多数的宝宝也已经能从俯卧姿势翻身到仰卧姿势了。这时妈妈可以试着和宝宝在地板上或床上玩一些翻身、扭头、起坐等形体游戏，让宝宝尽量展示自己的本领，既可以锻炼体能又可以达到展现自己力量的目的。在做这种形体游戏时，最重要的是注意安全，宝宝的体能不允许的或宝宝还没学会的动作坚决不做。

育儿指导

表现自己是人的本能，也是一种健康心理的具体体现。妈妈可以给宝宝找一些可以弄出响声的玩具，如一捏就响的玩偶，按动玩具上的按钮就能制造一些“音乐”或弹出一个面孔的魔术玩具等。也可以让宝宝玩不倒翁，推倒了看它怎样站起来，站起来再把不倒翁推倒。还可以让宝宝堆砌积木，然后再把堆砌好的塑料积木打倒。这种自己动手之后能够产生声响效果或形象效果的玩具玩法，能使宝宝对自己的本领感到非常得意，既提高了宝宝的兴趣，也潜移默化地培养了宝宝对自己的信心。

宝宝有分离焦虑

分离焦虑是指当宝宝和对他有反应的人面临分离时，会产生一种不适应行为。

很多妈妈在宝宝几个月以后都要返回工作岗位，继续工作了。可是宝宝却已经和妈妈之间建立起了比较安全和稳定的亲子依恋关系，所以妈妈离开时，宝宝会显得很焦虑、不安，为了帮助宝宝克服分离的焦虑，家长应该采用合理的方法来帮助宝宝克服这样的分离焦虑。

育儿指导

克服宝宝分离焦虑的方法：

首先，妈妈不要溺爱宝宝，不要时刻都不离开宝宝身边，妈妈应该和宝宝之间保持适度的距离，同时给予宝宝独立探索的空间，积极培养宝宝独立勇敢的个性品质，从而使小宝宝不过分依赖妈妈。

其次，家长要经常给予宝宝鼓励和肯定，多对宝宝说一些肯定的话语让宝宝通过这些话语的激励，增强他们自信心和独立做事的勇气。

积极发展宝宝与妈妈之外看护人的关系。比如说奶奶、姥姥、阿姨等，平常让宝宝多跟这些人交往，尤其是妈妈正式离开的前一段时间就积极培养宝宝与其他看护人的关系，这样即使妈妈离开，宝宝也会因有他依赖、依靠的人，而不会产生过度的焦虑。

Part 8

8个月宝宝

宝宝的生长发育速度在 7 个月时就已经变慢了，8 个月时，会维持与 7 个月时一样的水平，身长增长 1.0 ~ 1.5 厘米，体重增加 300 ~ 500 克。不过宝宝现在的生长个体差异比较大，偏差在 30% 以内都属于正常。

现在的宝宝已经表现出一定的智力，是否大脑发育有问题很容易看出来，所以父母一般不会再像前段时间那么关注囟门和头围了，而头围的变化也的确非常小，一个月只增长 0.6 ~ 0.7 厘米。

另外，此时的宝宝大多数已经长出 2 ~ 4 颗牙齿了。

身体发育标准

身高·体重·头围·胸围

		女宝宝	男宝宝
8个月	身高	65.4~74.6厘米，平均70.0厘米	66.5~76.5厘米，平均71.5厘米
	体重	6.7~10.4千克，平均8.5千克	7.1~11.0千克，平均9.1千克
	头围	42.5~46.7厘米，平均44.6厘米	42.5~47.7厘米，平均45.1厘米
	胸围	40.1~48.1厘米，平均44.1厘米	41.0~49.4厘米，平均45.2厘米

8个月宝宝的喂养

减少奶量，增加辅食量

虽然添加了种类丰富的辅食，母乳和牛奶还是要继续吃，只是可以不必像之前吃得那么多了，奶量保持在每天500毫升左右就可以了。

第8个月的宝宝每天需要喂5次，3次喂母乳，2次喂辅食。如果没有母乳，也可以用鲜牛奶或奶粉代替，每次150~180毫升，每天3次，另外加2次辅食。辅食的种类可以在前几个月的基础上增加面包、面片、芋头、山芋等品种。

此外，这一阶段是宝宝学习咀嚼的敏感期，最好提供多种口味的食物让宝宝尝试，并把这些食物进行搭配。宝宝吃的每一餐，最好要由淀粉、蛋白质、蔬菜或水果、油这4种不同类型的食物组成，以满足宝宝在口味和营养方面的需要。但是要注意一点：这个时候的宝宝还不能吃成人吃的饭菜，也不要在给宝宝制作的辅食里面添加调味品。

如何给宝宝转换配方奶粉

随着宝宝不断长大，对配方奶粉中营养素的需求也会有所变化，原先吃的是第一阶段的配方奶粉，现在应该换成第二阶段的配方奶粉。

✿ 1岁以内的宝宝如果转换配方奶粉，应该遵循以下两种办法

混合置换：如果宝宝以前是一顿吃3勺第一阶段的奶粉，那么现在可以转换成每顿2勺第一阶段的奶粉加1勺第二阶段奶粉冲调，观察3~4天，宝宝消化良好，然后每顿1勺第一阶段的奶粉加2勺第二阶段奶粉，观察3~4天，宝宝消化良好，一切正常后就可以完全换过来了。如果在换的过程中宝宝消化不良，就要延长观察的时间，待大便正常后再进一步置换。或者每次先少量置换，如半勺半勺置换。

一顿一顿置换：如果宝宝以前是一天吃4顿奶，那么现在可以一天先用第二阶段的配方奶粉置换一顿，观察3~4天。如果宝宝消化良好，就可以再置换一顿，再观察3~4天，宝宝消化还是不错，就这样反复置换，直至换完。如果在置换的过程中宝宝消化不良，可以延长观察时间，大便正常后再继续置换。

> **贴心小贴士**
>
> 凡是知名的营养品公司生产的配方奶粉，其配方都有一定的理论根据，都由一定的儿科营养专家支持，其系列的配方奶粉都是根据宝宝不同的年龄段对营养需求的不同而设置的不同配方。因此，最好吃同一个品牌的系列奶粉。

8个月宝宝可添加的食物

烂面条：可以买那种专门给宝宝吃的面条，煮的时候掰成小段，加一些切碎的蔬菜、蛋黄等，煮到很烂的时候给宝宝吃，锻炼宝宝的咀嚼能力。

蛋类食品：不但可以吃蛋黄，还可以尝试吃蒸全蛋，但是要从少量开始添加，并注意观察宝宝有没有过敏反应。

碎肉末：一些家禽的肉，可以做成肉末给宝宝吃。

鱼松和肉松：猪肉、牛肉、鸡肉和鱼肉等瘦肉都可以加工肉松，含有丰富的蛋白质、脂肪和很高的热量，可以给8个月的宝宝吃。

> **贴心小贴士**
>
> 在喂食结束后，可拿些烤馒头片、面包干、磨牙饼干等让宝宝咀嚼，以锻炼宝宝的肌肉和牙床，促进乳牙的顺利萌出。搭配的果泥、肉泥可以略粗些，不用做成泥状。

宝宝怎么吃粗粮更健康

本月的宝宝可以考虑吃点粗粮了。建议每周至少让宝宝吃3次粗粮，如果每天有一种则更为理想。

粗粮的搭配

按照饮食多样化的原则，应当给宝宝经常更换主食品种，这样既能保证营养的全面，也能帮助宝宝养成适应多种口味的良好膳食习惯。其中一个方法是煮粥时或做煎饼时放入多种原料，将它们搭配得既美味又容易消化，而且能一次吃到多种粗粮，对于保证宝宝的饮食多样化最有好处。比较理想的做法是选择一种比较黏的原料和其他不黏的原料搭配，煮出来比较可口。

粗粮的做法

几乎每一种粗粮都适合用来煮饭和煮粥，特别是经过高压锅烹制，都能得到比较理想的口感。除此之外，粉状的粗粮适合用来制作点心和软煎饼，例如豆粉和玉米粉与面粉混合之后加入鸡蛋与牛奶，可以制成非常美味的小饼，或者柔软芳香的发糕。豆类可以用来制作汤和甜食。此外，杂粮面条也是个好主意。荞麦面条、玉米面条、杂豆面条都是美味营养的粗粮食品。

鸡蛋并非吃得越多就越好

宝宝的胃肠道消化酶分泌还较少，一个周岁左右的宝宝每天吃3个鸡蛋就不容易消化了。另外，过多吃鸡蛋会增加消化道负担，使体内蛋白质含量过高，在肠道中异常分解，产生大量的氨，引起血氨升高，同时加重肾负担，引起蛋白质中毒综合征，发生腹部胀闷、四肢无力等不适。

1岁以内甚至到1岁半的宝宝最好只吃蛋黄，每天不能超过1个；1岁半至2岁的宝宝隔日吃1个整鸡蛋，待2岁以后才可每天吃1个整鸡蛋。

妈妈可以用菜汤来伴蛋黄给宝宝吃，这样不容易噎着，还可避免宝宝厌烦蛋黄的味道（每天都吃蛋黄会让宝宝厌烦的，菜汤可以每天换种类和味道）。如果总是把蛋黄和奶一块儿吃，容易使宝宝也厌食奶。

要让宝宝喝白开水

到了6~7个月，宝宝对味道的品尝能力已经很强了。喝惯了果汁、配方奶、咸淡适中的菜水、菜汁等，对白开水更是不感兴趣了。

虽然宝宝不喜欢喝白开水，但妈妈还是要努力让宝宝喝白开水，哪怕喝几口也是好的。因为任何饮料也不能代替水。这个月的宝宝每天需喝30~80毫升的水，如果是人工喂养，应该喝100~150毫升的水。用奶瓶喝水是比较省事的，如果用小杯子和小勺喂水就比较麻烦了。

妈妈最好让宝宝自己拿着奶瓶喝水。宝宝喜欢自己做事，把喝水的任务交给宝宝自己，妈妈在一旁看着，宝宝会喝下不少水。这个方法很有效。

别让宝宝喜欢上甜食

7~8个月的宝宝对味道很敏感，而且容易对喜欢的味道产生依赖，尤其是甜食，因为大多数宝宝都比较喜欢甜甜的味道，但甜食对宝宝的不利影响很大。

如果大量进食含糖量高的食物，宝宝得到的能量补充过多，就不会产生饥饿感，不会再去想吃其他食物。久而久之，吃甜食多的宝宝从外表上看，长得胖乎乎的，体重甚至还超过了正常标准，但是肌肉很虚软，身体不是真正健康。

此外，甜食吃得过多会使宝宝出现味觉依赖、龋齿、营养不良、精神烦躁、钙负荷加重等症状，不但影响宝宝的生长发育，还会使宝宝的免疫力降低，很容易生病。

如果宝宝在婴儿期就偏爱甜食，那么此后将很难使他放弃甜食，因此婴儿期应尽量少喂含糖量非常高的食物，尽量给宝宝提供多样化的饮食，控制甜食的摄入量。

不过，甜食不是绝对不能吃，合理地吃甜食可以使宝宝得到蛋白质、碳水化合物、微量元素等营养补充，但是一定要注意适度，每天进食糖量不能超过每千克体重0.5克。

贴心小贴士

吃完甜食后要及时让宝宝漱口，可以帮助宝宝预防龋齿的发生。吃饭前后、睡觉前千万不要喂甜食，以免宝宝产生心理依赖。

宝宝出牙晚是否该补钙

一般情况下，宝宝在6个月甚至更早的时候长出第一颗乳牙，到12个月的时候已经长出6～8颗乳牙。

当然，由于宝宝间的身体差异，有的出牙早，有的出牙晚，一般早和晚的差别在半年左右，这些都属于正常的范围，在1岁以内萌出第一颗牙都属正常。妈妈不要一见宝宝该出牙时没长牙就以为是缺钙，就给宝宝吃鱼肝油和钙片，这是不可取的。宝宝的出牙慢原因有多种：可能是遗传原因，也可能是妈妈怀孕时缺乏一些营养，也可能是宝宝缺钙。总之，宝宝出牙晚不一定都是缺钙引起的。

如果盲目补钙，可能会引起身体浮肿、多汗、厌食、恶心、便秘、消化不良等症状，严重的还容易引起高钙尿症，同时补钙过量还可能限制大脑发育，并影响生长发育。血钙浓度过高，钙如果沉积在眼角膜周边将影响视力，沉积在心脏瓣膜上将影响心脏功能，沉积在血管壁上将加重血管硬化。

缺钙的表现

常表现为多汗，即使气温不高，也会出汗，尤其是入睡后头部出汗，并伴有夜间啼哭、惊叫，哭后出汗更明显。部分宝宝头颅不断摩擦枕头，颅后可见枕秃圈。

偶见手足抽搐症：宝宝缺钙，血钙低时，可引起手足痉挛抽搐。

厌食偏食。人体消化液中含有大量钙，如果人体钙元素摄入不足，容易导致食欲不振、智力低下、免疫功能下降等。

易发湿疹。2岁前的宝宝比较多见，有的到儿童或成人期发展成恶急性、慢性湿疹，或表现为异位性皮炎。

出牙晚或出牙不齐。有的宝宝1岁半时仍未出牙，前囟门闭合延迟，常在1岁半时仍不闭合。

前额高突，形成方颅。

常有串珠肋，是由于缺乏维生素D，肋软骨增生，各个肋骨的软骨增生连起似串珠样，常压迫肺脏，使宝宝通气不畅，容易患气管炎、肺炎。

贴心小贴士

如果宝宝1岁半才出牙，就要注意查找原因了，如是否为佝偻病，是否伴有其他异常情况，应该到医院进行检查、治疗。

8个月宝宝的护理

选购一套适合宝宝的餐具

注重品牌，确保材料和色料纯净，安全无毒。宝宝餐具应将安全性放在首位，知名品牌多是经受住了国家和消费者考验的，较为可靠。

餐具的功能各异，有底座带吸盘的碗，吸附在桌面上不会移动，不容易被宝宝打翻；有感温的碗和勺子，便于父母掌握温度，不至于让宝宝烫伤；大多数合格餐具还耐高温，能进行高温消毒，保证安全卫生。

在材料上，应选择不易脆化、老化，经得起磕碰和摔打，在摩擦过程中不易起毛边的餐具。

在外观上，应挑选内侧没有彩绘图案的器皿，不要选择涂漆的餐具。毕竟宝宝的餐具主要还是以安全实用为标准。

贴心小贴士

大人和宝宝不要共用餐具，宝宝的餐具应该专用，大人的餐具无论是大小还是重量都不适合宝宝，还可能将疾病传染给宝宝。

用面粉清洗宝宝的餐具最好

宝宝的餐具清洗前，先抓一小把普通面粉，放入宝宝餐具中，用手干搓几次，油腻多的话多搓一会儿就行。记住，一定要干洗！然后倒掉面粉，餐具放入水中正常清洗即可。面粉具有超强的吸油功效，比那些洗洁精、奶瓶清洗剂效果好多了，便宜又没有任何污染，还没有任何残留物和味道。切勿用强碱或强氧化化学药剂如苏打、漂白粉、次氯酸钠等进行洗涤。

清洗好的餐具不要用毛巾擦干（因为毛巾也是细菌传播的一种途经），可放在通风处晾干，然后放入消毒柜中储存。使用前要记得用开水烫一下消消毒，更安全可靠。如果没有消毒柜，则应定期用开水蒸煮消毒。

给宝宝洗发的方法

这个时期的宝宝皮脂分泌旺盛，易导致皮脂堆积于头皮，形成垢壳，堵塞毛孔，阻碍头发生长。因此，合理护发对宝宝的头发生长十分重要。

妈妈要了解给宝宝洗发的要点：

水温保持在37~38℃。

选择宝宝洗发水，不用成人用品。因为成人用品过强的碱性会破坏宝宝头皮皮脂，造成头皮干燥发痒，缩短头发寿命，使头发枯黄。

勿用手指抠挠宝宝的头皮。正确的方法是用整个手掌，轻轻按摩头皮；炎热季节可用少许宝宝护发剂。

洗发的次数，夏季1~2天1次为宜，冬春季3~4天1次。

防止宝宝睡觉踢被子

稍大点的宝宝睡觉时都有一个坏习惯，那就是蹬被子。为了不影响父母的休息，防止宝宝感冒，要注意下面几个问题。

不要给宝宝盖得太厚，也不要让他穿太多衣服睡觉，并且被子和衣服用料应以柔软透气的棉织品为宜，否则，宝宝睡觉时身体所产生的热量无法散发，宝宝觉得闷热的话就很容易蹬被子。一般来说，给宝宝盖的被子，春天和秋天被子的重量应在1~1.5千克为宜；夏季要用薄毛巾被盖好腹部；冬季被子的重量以2.5千克左右为好。

睡觉前不要过分逗引宝宝，不要让他过度兴奋，更要避免让他受到惊吓或接触恐怖的事物，否则，宝宝入睡后容易做梦，也容易蹬被子。

其实，要防止宝宝蹬被子，最好的方法是让宝宝睡睡袋。

贴心小贴士

有些时候，宝宝是因为某种疾病的影响而睡眠不安，进而踢被子的，比如患蛲虫病时，宝宝睡觉时会因肛门瘙痒而不安，手脚乱动而蹬开被子；患佝偻病的宝宝可能夜惊、睡眠不安导致踢被。如果怀疑宝宝患有这些疾病，父母应及时带他去医院治疗。

给宝宝准备学步的鞋子

8个月的宝宝大动作发育迅速，要爬、要站，扶栏杆走等。因此，应给宝宝准备几双鞋子，不仅便于活动，还可起到保暖的作用。选择的鞋子要大小合适，比宝宝的脚稍大一些就可以了。宝宝的骨骼还没有完全骨化，穿了太紧或是不合脚的鞋子，虽然宝宝并不会觉得痛，但事实上稚嫩的小脚已经受到伤害。

试鞋时，让宝宝穿上鞋后，妈妈扶着宝宝站在地面上，全脚着地。让宝宝的脚趾顶到鞋的前面，后面能伸进大人的一个手指就可以了。使宝宝的脚在鞋里面比较宽松，便于活动。如鞋过大，活动起来不方便，容易掉鞋。鞋子太小不利于宝宝脚的发育，甚至会造成双脚的畸形发育，也影响宝宝的动作训练。这个月龄的宝宝脚长得较快，一般来说2个月就要换一双鞋，妈妈应经常给宝宝量量脚的大小，及时更换鞋子。

宝宝有“恋物癖”怎么办

有许多宝宝会对小包被、小抱枕、绒布熊等很有质感的用品“上瘾”，这些东西很多时候都已经成为宝宝生活中重要的一部分，有许多都扮演着陪睡的角色。简单地说，宝宝恋物就是一种成长过渡期的依恋行为，是宝宝从“完全依恋”转为“完全独立”的过渡期间所产生的行为。

为什么宝宝会迷恋这些物品呢?因为它们是宝宝心理安全感的依靠，尤其在白天变成黑夜、宝宝想睡又怕失去知觉时，不安全感就会大大增加，此时某些物品对宝宝来说就非常重要。既然宝宝的“恋物癖”是由安全感缺乏引起的，那么预防或逐步戒除幼儿的“恋物癖”，也要从增强宝宝的安全感入手，争取为宝宝创造一个开放式的家庭环境。

1.平时多拥抱宝宝，多拍抚宝宝的背部和头顶，以解其“皮肤饥饿”。

2.很多幼儿就是在入睡前的害怕不安中染上“恋物癖”的，如果父母在宝宝独睡前陪伴宝宝，唱催眠曲或读一两个美妙的童话，开亮一盏小灯，等宝宝睡着再离开，就比较容易使其对襁褓包被之类的物体“脱瘾”。

3.弄清九成以上恋物宝宝会对小包被、小抱枕、绒布熊、用惯的浴巾之类“上瘾”后，妈妈在选购这些幼儿用品时，就要有意识地备下几个“迁移载体”，让宝宝无法对其中的某样东西“专情”。

怎样知道宝宝活动量是大还是小

一般来说，爸妈可从宝宝吃饭、洗澡、换尿布、睡觉，以及平常的活动来观察活动量。

活动量大的宝宝

宝宝较不肯乖乖吃奶，经常会动来动去；宝宝洗澡时会不断玩水，或是动来动去，即便是几个月大，妈妈可能也会抱不住；洗完澡要穿衣服时，宝宝照样会动来动去，穿衣服可能会比较困难；当宝宝会爬会走之后，他会继续动个不停，对周遭的事物也会很好奇。

对于活动量大的宝宝，要让宝宝有机会消耗精力，引导他进行安静的活动，培养宝宝的规律作息。限定宝宝的活动时间。让他固定玩30分钟左右，在这段时间内，让他尽情地玩，时间到了之后，就必须结束游戏，让宝宝明白每天玩乐的时间是固定的。

活动量小的宝宝

一般来说，这类宝宝在爸妈眼里属于安静的乖宝宝，无论是喝奶、洗澡，或是换尿布时，他都表现得很安静，很乖巧。另外，宝宝的睡眠时间较长。

对于活动量少的宝宝，妈妈必须多陪着宝宝玩，以亲子共玩的活动为主。一开始带宝宝进行活动时不必要求时间太长，之后再每天增加活动的时间，不要一下子就强求宝宝做活动。

8个月宝宝的早教

语言能力训练——训练宝宝叫爸爸妈妈

年轻的父母第一次听宝宝叫爸爸、妈妈是一个激动人心的时刻。7个多月的宝宝有50%~70%会自动发出“爸爸”“妈妈”等音节。开始时他并不知道是什么意思，但见到父母听到叫爸爸、妈妈就会很高兴，叫爸爸时爸爸会亲亲他，叫妈妈时，妈妈会亲亲他，宝宝就渐渐地从无意识的发音发展到有意识地叫爸爸、妈妈；这标志着宝宝已步入了学习语音的敏感期。

父母们要敏锐地捕捉这一教育契机，每天在宝宝愉快的时候，可以让他称呼大人来培养宝宝的社交智能。

育儿指导

宝宝举起双手让妈妈抱，妈妈说：“叫妈妈才抱。”宝宝想要抱就会叫：“妈。”爸爸拿一个新玩具，宝宝想要，爸爸说：“叫爸爸才给。”宝宝想要玩具就会大声叫“爸爸”。如果是家里的其他人，如爷爷奶奶、姥姥姥爷等，也可以按此方法来对宝宝进行训练。

精细动作能力训练——教宝宝双手拿东西

8个月的宝宝会出现注意力只能集中于一只手上的情况。原来他手里如果有一件东西，再递给他一件东西，他便把手里的扔掉，接住新递过来的东西；当他用左手抓住物体时，右手中原有的物体会被丢开。所以，要训练宝宝用双手同时分别拿东西。

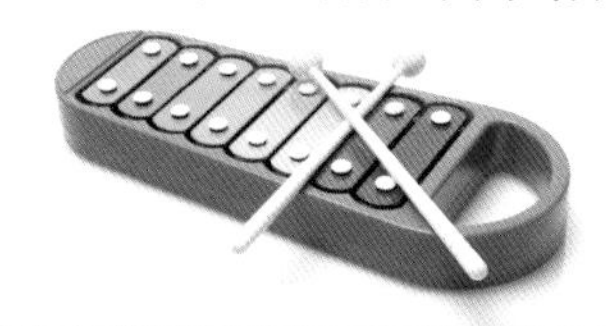

育儿指导

开始妈妈可以让宝宝用两只手同时拿一个物体，让他左看看，右看看，再往一起碰一碰，最好能发出好听的响声。经过训练，宝宝手指的活动也灵巧多了，妈妈先给宝宝一个玩具，再递给宝宝另外一个玩具的时候，宝宝会用另一只手去接，宝宝可以一只手拿一件，相互敲打。这对宝宝左右脑的平衡开发很有好处。

大动作能力训练——继续练习爬行

这个月要继续同宝宝练习爬行。可让宝宝和其他同龄宝宝在铺有塑料地板的地上，互相追逐爬着玩，或推滚着小皮球玩。爬行是全方位的大脑感觉综合能力的训练，既开发了脑潜能，使左右脑协调发展，又开发了体力，还培养了宝宝的社交能力。

育儿指导

除了继续练习爬行，对于爬得较好的宝宝，妈妈可以训练宝宝站立、蹲下等动作。

拉物站起训练

让宝宝练习自己从仰卧位拉着物体(如床栏杆等)站起来，可先扶着栏杆坐起，逐渐到扶栏站起，可以锻炼宝宝平衡自己身体的技巧。

蹲下、起来

等到宝宝能让妈妈扶着站稳时，妈妈可以拉着宝宝的手让宝宝蹲下后站起来。可放一些玩具在地上，引导宝宝蹲下去捡。反复进行，直至宝宝不想玩了为止，还可扶着走几步。

写给妈妈的贴心话

宝宝学会“反抗”了

这时的宝宝，情绪丰富了。如果妈妈不尊重宝宝的选择，宝宝便会反抗。如：

如果你喂他辅食，他不喜欢吃时，会用手打翻你拿着的饭匙或饭碗。

如果你非要把尿，他就会打挺哭闹。把两腿伸直，甚至把尿盆弄翻。

宝宝耍脾气，并不是坏事，说明宝宝已经有了自己的主见，不能一遇到宝宝耍脾气，就认为：“这样的孩子应该管教，否则，长大了就管不了。”

育儿指导

这么大的宝宝还不能明白事理。如果宝宝要脾气时，妈妈生气，或抱怨，或是发脾气，都是不应该的，这会加剧宝宝耍脾气的势头。妈妈应该用温和的态度对待宝宝或转移宝宝的注意力。

父母的语气会影响宝宝的个性

命令式口吻。上对下的方式，以这种语气说出来的话就是命令，没有任何沟通协调的空间。

平等对待的语气。这种语气较为民主，宝宝有可以沟通协调或是选择的空间，如“你想玩哪一个玩具？”“你想穿哪一套衣服？”等。这样的管教态度也在教导宝宝学习自主自理，学着自行做一些简单的决定。

放任或溺爱的语气。像是“好，随便你”“我拜托你”“你饶了我吧”这些话语，这些话代表着父母无法掌握宝宝的状况，或是过度宠爱宝宝。

育儿指导

父母必须在以宝宝的健康与安全为优先的前提下，视不同时刻、不同状况交叉运用不同的语气。当宝宝遇到危险时，父母应该马上以坚定的语气遏制他的不当行为，但许多时刻则需要自我提醒运用民主式的态度，给宝宝自主的空间，不要什么事情都替他做决定。

另外，父母不要经常使用放任或溺爱的语气，否则容易宠坏宝宝，让宝宝将来变得以自我为中心，对宝宝将来的为人处世，交际等都不会产生不利影响。

教宝宝战胜挫折

这个月的宝宝可能还不会爬，当宝宝趴着的时候，在宝宝的前面放一件玩具，这时宝宝会用手够，但宝宝因为不会向前爬，够不到他想够的东西，宝宝可能会哭，这时妈妈该怎么办?

把玩具递到宝宝手里。

把玩具推到宝宝够得到的地方。

帮助宝宝向前爬，努力够着。

哪种方法最好呢? 当然是第三种方法最好了，使宝宝的身体和心理都得到了锻炼。这是让宝宝通过努力达到目的，使宝宝有自信心。

育儿指导

妈妈用手掌轻轻推宝宝的足底，使宝宝借助外力向前爬，够到他想要的东西。如果不扶宝宝，冷眼看宝宝，这是不对的，宝宝还没有这个能力，就会在心理上受伤，产生孤独无助的消极情绪。

让宝宝选择，培养宝宝的独立性

进行选择是培养宝宝独立自主能力的开始，让宝宝自己有决定自己行动的主动权，养成独立的性格，对将来独立思考问题，独立解决问题打下基础。当然，对于父母来说，也要在家庭中保持这种民主的作风，永远给宝宝留有选择的余地，宝宝才能真正完成这种独立的人格。

育儿指导

宝宝会爬和会坐以后，活动范围扩大了，认识了不少东西。妈妈拿起两个大小不同的勺，说：“宝宝，你要哪一个自己挑。”让宝宝自己伸手拿他要的那个。他拿到了就给他，并夸赞他挑得好。每次可让他挑不同的物品，如食物，不同颜色的手帕、毛巾、画片等。这样经常让宝宝按自己的喜爱决定自己的选择。

Part 9 9个月宝宝

在第9个月，宝宝身长每月平均增长1.0～1.5厘米，体重增长220～370克，头围增长0.6～0.7厘米，这个增长速度和七、八个月时基本相同，

宝宝的囟门在这个月会继续缩小，头围增长与否仍是辅助观察囟门有没有闭合的一个重要指标，头围测量需要精准，每次测量可多测几次，软尺不要拉得太紧，保证软尺在宝宝的头围最大处，不要偏离、靠上或靠下。

有的宝宝此时会萌出上颌的一对乳中切牙和一对乳侧切牙，牙齿总数达到6颗。但也有的宝宝可能此时仍然没有一颗牙齿萌出，也无须太焦虑。有的宝宝就是出牙晚，一旦出牙，速度就会较快，很快赶上先出牙的宝宝，而且即使没有出牙，宝宝也会用牙床磨碎食物，并不耽误咀嚼能力的增长。

身体发育标准

身高·体重·头围·胸围

		女宝宝	男宝宝
9个月	身高	66.5~76.1厘米，平均71.3厘米	67.9~77.5厘米，平均72.7厘米
	体重	6.8~10.7千克，平均8.8千克	7.3~11.4千克，平均9.3千克
	头围	42.7~46.9厘米，平均44.8厘米	43.0~48.0厘米，平均45.5厘米
	胸围	40.4~48.4厘米，平均44.4厘米	41.6~49.6厘米，平均45.6厘米

9个月宝宝的喂养

给宝宝吃进口食品好吗

对于一直生活在中国，而且饮食以中餐为主的宝宝来说，吃中国生产的婴儿食品更符合中国宝宝的营养需求以及身体发育特点。另外，国外进口的食物可能品质本身没有问题，但因为运输或长期储存，未必很新鲜。

当然，并不是说纯进口的婴儿食品就完全不能被中国宝宝所用，它还是有很大的优势。比如纯进口的配方奶中含铁量高，这在很大程度上弥补了母乳中铁的不足，对预防宝宝缺铁性贫血很有帮助。另外，纯进口的婴儿食品在营养素搭配的比例和一些功能性营养成分(比如DHA)的添加工作上做得比较到位。

妈妈在选择进口食品时要取其长处，避其短处。比如，可以选择在中国生产的进口婴儿食品，运程短，更保鲜。另外，一定要到正规超市或商场买大品牌的，这样质量和品质才有保证。

防止宝宝肥胖，如何添加辅食

儿童营养专家认为，避免孩子发生肥胖应从宝宝开始，儿童肥胖的高峰就是在12个月之内。妈妈要正确巧妙地调整辅食的添加，以防止宝宝肥胖。

不要习惯于用鸡汤、骨头汤、肉汤等为宝宝熬粥炖菜

其实，原汁原味的粥、面、菜、肉是最适宜宝宝的辅食，肉汤偶尔为之（一周1~2次）即可，而且还应撇去浮在表面上的白油。

午餐“瘦”一些，晚餐“素”一些

肉类最好集中在午餐添加，宜选择鸡胸、猪里脊肉、鱼虾等高蛋白低脂肪的肉类；而晚餐的菜单中则最好以木耳、嫩香菇、洋葱、香菜、绿叶菜、瓜茄类菜、豆腐等为主。

避免淀粉类辅食在胖宝宝饮食中比例太大

土豆、红薯、山药、芋头、藕等食物，尽管营养价值高，但由于易“嚼”且含有大量淀粉，因此容易被吃多，故而容易“助长”宝宝的体重。因此，妈妈要适当减少它们在宝宝菜单中出现的频率，且最好是搭配绿叶菜而不是大量的肉类一起吃。

贴心小贴士

除了在饮食方面多加注意外，如果有条件的话，宝宝游泳、亲子游戏、母子健身操等都能让宝宝“动”起来。有了饮食和运动的双保险，相信宝宝不会成为有健康隐患的“小胖墩”了！

控制水果只“吃”不“喝”

如果宝宝吃饭很好，就没有必要在正餐之外还吃很多水果，每天半个苹果量的水果就足矣；如果是葡萄、荔枝等高甜度的水果，则更不要太多，因为水果中的糖分是体重增加的帮凶。此外，果汁特别是市售的瓶装果汁的热量密度，远高于新鲜水果，且“穿肠而过”的速度太快，喝了既长肉又不管饱，还对牙齿不利，因此不宜给胖宝宝多食用。

管住“油”和“糖”，减少小点心

这是两个“瘦身克星”，不要过多出现在胖宝宝的辅食中。此外，磨牙棒和小饼干固然是锻炼宝宝咀嚼能力的好工具，但也常常是含油或糖较高的食品，不宜多给胖宝宝吃。妈妈可以用烤馒头干、面包片等做替代品。

适量吃粗粮

各种杂豆、燕麦、莜麦、薏米等杂粮远比精米精面更能增加宝宝的饱腹感、加速代谢废物排泄，待宝宝的胃肠能够接受时，可以做成烂粥烂饭给胖宝宝食用。

教宝宝用杯子喝水喝奶

第一步：用吸管取代奶瓶

妈妈将一支吸管含在嘴里，用力做出吸吮的动作，让宝宝模仿着重复数次。将另一支吸管的一端让宝宝含在口里，另一端放在装了半杯白开水的杯子里。妈妈拿着杯子，并协助宝宝固定好吸管。妈妈不断重复吸吮动作，让宝宝模仿着做。当宝宝意外地吸到杯子里的水之后，他很快就能了解这个动作所带来的结果，进而学会用吸管喝水。

第二步：用杯子取代吸管

在坚持使用吸管喝水一段时间之后，如果宝宝出现了看见大人喝水，自己也想学大人用杯子喝水的行为时，就可以考虑让宝宝尝试使用没有吸管的杯子了。一般来说，在宝宝大约满1岁时就可以开始训练，多练习几次，宝宝很快就能学会。

贴心小贴士

宝宝刚开始使用杯子时，妈妈应选择不易破碎，有紧扣的盖子、小吸嘴、双把手的方便水杯，等宝宝适应后再过渡到普通水杯。

宝宝被噎住了怎么办

被小而硬的东西噎住，如小玩具或玩具零件、糖果、纽扣、果核或坚果类的食物都有可能使宝宝噎住，这时，可所采用的催吐方式是：曲起一条腿，用膝盖抵住宝宝的心窝，面朝下，妈妈用力拍打宝宝的背部。如果还是无法吐出，请将宝宝从后面抱起，头朝下，妈妈用拳头抵住宝宝的心窝，然后用进行挤压。如果还是弄不出来，就赶紧送医院。

被软而黏的东西噎住，如年糕、口香糖、软糖，甚至面包这些软而黏的东西对宝宝来说也危险，宝宝噎着了，这时所采取的催吐方式是：让宝宝侧躺，然后要宝宝将嘴巴张开，如果你可以看到噎在喉咙里的东西的话，请用手指将东西抠出来。看不到时，可用食指用力压在后舌根，帮助宝宝催吐。

9个月宝宝的护理

如何为宝宝清理牙齿

7~9个月的宝宝已经长牙了，吃食物时难免将食物残留在口腔与牙齿间，有时还会堵在牙缝中，为了避免宝宝出现龋齿，妈妈要及时为宝宝清理口腔与牙齿。

清理宝宝牙齿的方法

先让宝宝躺在妈妈的膝盖上。

妈妈准备一只婴儿用的软毛弹性牙刷。

用大拇指和食指夹住牙刷，用其他手指扶住牙刷。

让宝宝把嘴巴张大，用一只手的食指压住宝宝的嘴唇。

贴心小贴士

在给宝宝刷牙时，切忌用成人的牙膏，以免宝宝将牙膏吞咽下致使摄入过多的氟。

用另一只手使牙刷在宝宝的牙齿和牙龈间的小缝处上下或左右移动，确认是否塞着东西。

怎样止住宝宝打嗝儿

拍背并喂上点儿温热水

如果宝宝是受凉引起的打嗝儿，妈妈先抱起宝宝，轻轻地拍拍他的小后背，然后再给喂上一点温热水，给胸脯或小肚子盖上保暖衣被等。

刺激宝宝的小脚底

如果宝宝是因吃奶过急、过多或奶水凉而引起的打嗝儿，妈妈可刺激宝宝的小脚底，促使宝宝啼哭。这样，可以使宝宝的膈肌收缩突然停止，从而止住打嗝儿。

把食指尖放在宝宝嘴边

妈妈也可将不停打嗝儿的宝宝抱起来，把食指尖放在宝宝的嘴边，待宝宝发出哭声后，打嗝儿的现象就会自然消失。因为，嘴边的神经比较敏感，挠痒即可放松宝宝嘴边的神经，打嗝儿也就会消失了。

贴心小贴士

妈妈要学会防止宝宝打嗝儿，不要在宝宝过度饥饿或哭得很凶时喂奶，不要让宝宝吃得过快或过急，同时，天气寒冷时注意给宝宝保暖，避免身体着凉。

轻轻地挠宝宝耳边

宝宝不停地打嗝儿时，在宝宝耳边轻轻地挠痒，并和宝宝说说话，这样也有助于止住打嗝儿。

如何保护宝宝的眼睛

现阶段的宝宝正处于学爬时期，且比较好动，手容易沾染细菌后又去揉眼睛。父母应及早保护好宝宝的眼睛，防止宝宝眼睛有所损伤。

宝宝要有自己专用的脸盆和毛巾，每次洗脸时都要洗眼睛四周。

要经常给宝宝洗手，防止宝宝用手搓揉眼睛。

要防止强烈的阳光或灯光直射宝宝的眼睛，带宝宝外出时，如有太阳，要戴太阳帽，家里灯光要柔和。

要防止锐物刺伤眼睛，不要给宝宝玩棍棒、针尖类玩具。

防止异物飞入眼内，一旦异物入眼，不要用手揉擦，要用干净的棉签蘸温水轻轻把异物弄出，并用温水冲洗眼睛。

掌握正确的看电视的方法，时间最好不要超过5~10分钟，距离电视2~3米。

适当增加含维生素A的食物的摄入，如动物的肝、蛋类、胡萝卜和鱼肝油，以保证视网膜细胞获得充分的营养。

贴心小贴士

妈妈要定期带宝宝去医院检查眼睛，发现眼病，对婴儿要每半年或一年进行一次视力定期检查，及早发现远视、弱视、近视及其他眼病，以便进行定期矫正治疗。

多给宝宝看色彩鲜明的玩具，经常调换颜色，多到外界看大自然的风光，以提高宝宝的视力。

宝宝流口水加重正常吗

这个时候的宝宝流口水属正常现象，不用看医生。宝宝喜欢流口水除了乳牙萌出引起的，还有就是宝宝添加辅食后，宝宝的唾液分泌增加，但宝宝吞咽唾液的能力还不够，所以宝宝会流口水。

如果宝宝口腔有病，妈妈也能判断，比如宝宝可能睡不安稳，可能会发烧。有的宝宝出牙时可能会有疼痛感，但那是很轻微的，可能仅仅在晚上睡觉前闹一会儿，或半夜醒了哭一会儿，不会很严重的。

让宝宝爱上洗澡

宝宝不爱洗澡多是洗澡时有不乐意的事情发生，如洗浴液流进了眼睛、妈妈勒疼自己了、太冷等，或者洗澡破坏了自己正玩得起劲的兴致，妈妈要先找出原因。

洗澡时，妈妈可以给宝宝一些玩具，如在澡盆里放一个可以浮着的塑料小鸭子，还可以让宝宝拿塑料小杯或勺舀澡盆中的水玩。

洗澡时，妈妈和宝宝一起玩，做做游戏等，让宝宝忘记自己的不愉快，不要像完成任务或洗一件脏东西一样为宝宝洗澡，那样宝宝会有抵触情绪。

当宝宝能自己动手为自己搓身体时，爸爸妈妈不妨协助并鼓励他自己洗澡，宝宝会有成就感，也乐于接受洗澡了。

贴心小贴士

当宝宝不愿意洗澡时，一定不要强迫他，更不要将哭闹着的宝宝强硬地放入澡盆，然后三下五除二洗完放回床上，这会给宝宝留下严重的心理阴影，令宝宝更加抗拒洗澡，而应该先顺着宝宝的意思，等他高兴了再尝试洗澡。

宝宝长口疮怎么护理

小儿口疮就是我们常说的口腔溃疡，但宝宝的口腔溃疡和大人的溃疡是两回事，宝宝口腔溃疡是一种口腔黏膜病毒感染性疾病，致病病毒是单纯疱疹病毒，而且有复发的可能性，尤其是6个月～2岁的宝宝很容易受到感染。多见于口腔黏膜及舌的边缘，常是白色溃疡，周围有红晕，特别是遇酸、咸、辣的食物时，疼痛特别厉害，受病毒感染后，宝宝会因疼痛而出现烦躁不安、哭闹、拒食、流涎等症状。

长口疮了怎么办

口疮没有药物可以迅速治愈，只能采取措施减轻疼痛，直到一两周后自行消退。

要确保宝宝喝下足够的母乳或配方奶。如果宝宝的月龄大于4个月，还可以试着给他喝点凉的、无酸的非碳酸饮料，像水或者稀释的苹果汁。如果宝宝超过6个小时都没有排尿，也没补充水分，或者表现出了脱水的迹象，如口干、眼窝凹陷、哭时少泪、前囟门凹陷以及尿少等，要立即带宝宝去医院。

如果宝宝已经吃辅食，给宝宝吃他平常吃的就可以：瓶装的婴儿食品、土豆泥、酸奶、苹果酱以及其他软烂、清淡的食物。不过要是宝宝的嘴很疼，也不要强迫他吃辅食。

可用消毒棉签蘸2%苏打水清洗患处后再涂2%龙胆紫，每日3～5次。轻症者2～3次即愈。同时给宝宝口服维生素C和复合维生素B。若宝宝病情严重可遵医嘱服制霉素或外涂制霉菌素液。

宝宝顽固的大便干燥怎么办

对于顽固的大便干燥的宝宝，妈妈可以试试下面的方法：

饮食

花生酱、胡萝卜汤、芹菜、菠菜、白萝卜泥、全粉面包渣和小米汤在一起做成小米面包粥，这些食物交替食用。把橘子汁改成葡萄汁、西瓜汁、梨汁、草莓汁、桃汁，要自己鲜榨，不是现成的罐头汁。每天喝白开水，以宝宝能喝下的量为准。

腹部按摩

妈妈的手充分展开，以脐为中心捂在宝宝腹部，从右下向右上、左上、左下按摩。手掌在宝宝皮肤上滑动，每次5分钟，每天一次，按摩后，让宝宝坐便盆，或把宝宝，最长不超过5分钟，以两三分钟为好，如果宝宝反抗随时停止把便。每天在固定时间按摩把便，持之以恒，定会有收效。

贴心小贴士

不到万不得已，妈妈不要给宝宝使用开塞露，也不要使用灌肠的方法。

宝宝眼睛进异物怎么办

婴儿眼前有异物时不会很快地闭眼以保护眼睛，常常容易使异物进入眼内，而眼内不适时又常闭目哭闹，妈妈很难发现宝宝眼睛的异常，异物在眼内停留过久会继发感染，造成严重后果，因此妈妈一定要细心发现，及时处理，时时预防。

一旦进入异物，妈妈可采取以下紧急处理方法

异物进入眼内时，先不要慌张，不要用手搓揉宝宝的眼睛。

如果是一般的异物，如昆虫、灰沙等进入眼内后多黏附在眼球表面，可以用拇指和食指轻轻捏住宝宝的上眼皮，轻轻向前提起，向眼球吹气，刺激宝宝流泪，异物即可被冲出。

如果异物在眼皮中，上述方法可能无法让宝宝停止哭闹，这时可让宝宝向上看，用手指轻轻扒开下眼皮，看看是否有异物，尤其是下眼皮与眼球交界的皱褶处，如果没有，可翻开上眼皮寻找，然后到眼皮的边缘和白眼球处寻找，找到异物后，用湿的消毒棉签将异物轻轻粘出，注意不要让宝宝乱动，不然会戳伤宝宝。

如果进入眼内的沙尘较多，可用清水冲洗，当灰粒比较大时，应立即翻开宝宝的眼皮取出，用大量清水冲洗后立即送医院处理，千万不可不做处理直接送医院。

若是生石灰进入眼睛，不能用手揉，也不能直接用水冲洗，因为生石灰遇水会生成碱性的熟石灰，同时产生热量，会灼伤眼睛，可用消毒棉签粘出，然后送医院处理。

贴心小贴士

当宝宝一直哭闹，不肯睁开眼睛时，一定要想到眼内异物或眼病的可能性，及时到医院诊治。此外，不要用手或手帕去揉擦眼球，手和手帕上细菌很多，会引起眼睛炎症。

宝宝急性腹泻怎么办

宝宝发生较重的呕吐腹泻以后，要及时请医生诊治。急性腹泻最常见的症状就是脱水，因此，在家护理时，液体的补充矫正脱水是非常重要的；即使在急性腹泻的情况下，小肠仍保有60%的消化吸收能力，因此尽早进食可以减轻症状、改进营养状况；禁食的时间不应该超过24小时，刚开始进食时考虑给予稀饭、马铃薯或富醣类的食物，避免太过油腻的食物。

宝宝太安静怎么办

安安静静、不吵不闹的宝宝，很容易被父母忽略掉。此外，太过“乖”对以后的性格成长也有影响，如长大后常见的特点是：有问题提不出来，或不敢提出来，你说东他往东，说西就向西，就算心里不满意也会适应、服从别人的想法。长此以往，便会导致宝宝将来不善表达，在人际交往能力上有所欠缺。

当宝宝太安静时，妈妈应该时时刻刻提醒自己，主动去关心、照顾他，多与他沟通，多激发他表达内心感受的欲望。

不论何时，当宝宝哭闹、缠着要妈妈抱或耍赖时，妈妈不要大声斥责他，应该告诉他：“想要什么，就大声地告诉妈妈，比如说肚子饿、想要有个伴、想要抱抱等。”另外，妈妈应该经常带宝宝去户外开阔视野。有些宝宝天性好奇，他们对周遭的一切都感到有趣，想要探索全世界，父母可以借着宝宝认识世界的同时，建立亲子间紧密的联系，培养宝宝的信赖感。

9个月宝宝的早教

语言能力训练——借助儿歌提升宝宝的语言能力

儿歌是宝宝非常喜欢的一种文学体裁，它短小精湛、朗朗上口、易读易记，因此，借助儿歌让幼儿自由表达、表现，从而发展言语表达能力是非常可行的。

育儿指导

情景互动法

创设一个实地的、较真实的情景，让宝宝成为情景的主人、融入情景中，在自己熟悉的、充满兴趣的情景中，扮演自己喜欢的角色。让宝宝积极自主地和家长互动，从而达到发展宝宝的语言能力的目的。如：儿歌《敲门》，游戏开始，爸爸在门外敲门，宝宝在家里听到敲门声，马上开门，高兴地说："爸爸回来啦、爸爸回来啦。"或者说："爸爸你请坐，爸爸我给你倒杯水"等。可以让宝宝充分运用自己已有生活经验和情景中的角色对话，并且使儿歌内容得到拓展，从而发展语言。

游戏互动法

游戏一直是宝宝喜欢的一种活动形式，在游戏中宝宝最愿意交流和表达。如游戏儿歌"丢手帕"，家长可以一边玩游戏一遍念着儿歌，边游戏边唱儿歌的过程往往能起到很好的效果。

精细动作能力训练——训练宝宝放手和投入

9个月后，宝宝手的动作明显地灵巧了，一般物体均可熟练地抓起，也能熟练地放下。妈妈应观察宝宝能否用拇食指分工拿起爆米花、小糖豆等小物品和自如地放下，如动作生硬不协调，就要多做这类练习。

育儿指导

放手训练

训练宝宝有意识地将手中玩具或其他物品放在妈妈指定的地方。妈妈可给予示范，让宝宝模仿，并反复地用语言示意他"把××放下，放在××上"。由握紧到放手，使手的动作受意志控制，手、眼、脑协调又进了一步。

投入训练

在宝宝能有意识将手中的物品放下的基础上，训练宝宝玩一些大小不同的玩具，并教宝宝将一小的物体投入大的容器中，如将积木放入盒子内，反复练习，训练宝宝的观察力，让宝宝学会解决简单问题。

推动滚筒训练

把圆柱体的滚筒(饮料瓶代替也可)放在地上，让宝宝用两只手推动它向前滚动。待宝宝熟练后，再让宝宝用一只手推动滚筒，并把它滚到指定地点。让宝宝在游戏玩耍中逐渐建立起圆柱体物体能滚动的概念。

大动作能力训练——攀登训练让宝宝快快走路

爬行既让宝宝全身肌肉得到锻炼又让全身的重量均匀地分布在四肢上，对骨骼不会产生不利的影响。但是爬行这个动作缺少脚对人体重量支持的感觉，所以从爬行到直立行走中间需要增加攀登这个动作。

育儿指导

让宝宝手脚并用地爬垂直的梯子。不会走路的宝宝能爬垂直的梯子？这是许多妈妈的疑问，其实在妈妈的帮助下，宝宝是可以做到的。直立行走时人体重心在脚的支撑点上方，属于不稳定平衡，而攀登时人体重心在手的握点下，属于稳定平衡。宝宝早期有抓握反射，宝宝动作发展的首尾规律，手的动作发展较早有利于攀登。攀登时宝宝上肢肩带的屈肌得到很好的发展，身体成垂直姿势使腿部用力同行走比较接近，所以独自爬上梯子对宝宝独立行走有非常大的意义。

写给妈妈的贴心话

别让宝宝产生心理危机

有的宝宝总是抓住妈妈的头发才能睡得着；有的宝宝睡觉时总要吮吸着自己的胳膊才行，怎么改也改不过来。很多妈妈都发现，自己的宝宝有些很怪异的行为习惯。其实，宝宝的这些习惯就是一些心理问题的外在表现。

这些行为习惯一般来讲并没有太大的危害，也不会损害宝宝的肌体健康，所以妈妈不需要过度紧张，但是也不能放任不管。因为，有极少数的情况，宝宝可能在成年以后会发展成恋物癖，所以，妈妈们还是要注意纠正宝宝的这些习惯。

育儿指导

妈妈要多给宝宝关爱，多一些陪护，多一些拥抱、亲吻等身体接触；白天带宝宝一起锻炼，晚上睡觉前给宝宝讲故事，或在宝宝的卧室里点一盏小灯，减少宝宝一个人独睡的恐惧；听轻音乐，让宝宝的神经系统放松，通过这样长期的努力会让宝宝重建起安全感，这样才会从根本上纠正这些行为习惯。

另外，妈妈还要多丰富宝宝玩耍的对象，扩展宝宝的视野，诱导宝宝把注意力和兴趣对象朝着更为广泛的方向发展，使宝宝变得更开朗乐观。

养出一个讲道理的好宝宝

9个月宝宝的记忆力、想象力、思考能力逐步形成雏型，对事物好奇心增强，模仿能力迅速增长，已经初步具备喜怒哀乐的情感活动。这一时期，宝宝如能得到正确的引导，会对他形成良好的道德素质有极大的帮助。

育儿指导

要使宝宝讲道理，应注意以下两个问题：

宝宝没有辨别事物对错的能力，因此父母要逐一地告诉宝宝什么是对的，什么是错的。要鼓励宝宝去探索，做对的要给予言语的鼓励。

对宝宝合理的要求要尽量去满足，对不合理的要求要讲明道理，坚决拒绝。一切顺从宝宝的意愿、溺爱或粗暴苛求都会对宝宝的心理发育产生不良影响。对幼儿耐心地讲道理是件十分有意义的事，幼儿虽然对父母讲的道理可能不甚明了，但长此以往，宝宝就会逐步明白这些道理。遇事给宝宝讲道理对培养宝宝有一个平和的心态很有好处，在宝宝长大后，他也会以讲道理的方式去处理问题。

教宝宝学习表达情绪

无论宝宝属于哪一种类型，妈妈都要帮助宝宝表达他真正的情绪，否则所有人都很容易被宝宝脸部惯有的表情误导，这对情绪本质偏负向的宝宝来说尤其不利。为了避免他人的误解，等到宝宝会说话之后，除了教导他认识自己的情绪，也要鼓励他多使用言语表达情绪。同时，一旦宝宝懂得表达自己的情绪，也就能培养控制情绪的能力。

育儿指导

教宝宝学习表达情绪，妈妈可以试试以下方法：

玩情绪游戏。妈妈可把宝宝哭、笑、生气的模样照起来，也可以让他照镜子、看书中不同的情绪表情，或是进行亲子角色扮演，由大人扮演生气、开心、哭的表情，让他看看不高兴、高兴、难过的脸是什么样子的，并且教他辨认每一种情绪的脸。

多跟宝宝说话。在谈话的过程中，父母可以帮助宝宝确认他的情绪，告诉他应该要如何表达出来。

鼓励宝宝多笑。因为情绪本质属于负向的宝宝，常常带着一张臭脸，可能不容易讨人喜欢，爸妈可以多鼓励他笑。

贴心小贴士

当宝宝试着表达他的情绪时，无论这个情绪是好是坏，妈妈都要加以接纳，当宝宝表达出负面的情绪时，妈妈不该加以压抑，而是去了解他为什么会有这样的情绪。

Part 10 10个月宝宝

宝宝的身体生长速度在这个时期没有明显的变化，和前面几个月差不多，有个体差异，但总体来说不是很大。大部分的宝宝都已经长了 4 颗牙，长出 6 颗牙齿的也为数不少，上边有 4 颗，下边 2 颗。不过也有的宝宝在 10 个月的时候，才开始长出最初 2 颗牙。

身体发育标准

身高·体重·头围·胸围

		女宝宝	男宝宝
10个月	身高	67.7~77.3厘米，平均72.5厘米	68.9~78.9厘米，平均73.9厘米
	体重	7.0~10.9千克，平均9.0千克	7.5~11.5千克，平均9.5千克
	头围	42.9~47.2厘米，平均45.0厘米	43.2~48.4厘米，平均45.8厘米
	胸围	40.7~48.7厘米，平均44.7厘米	41.9~49.9厘米，平均45.9厘米

10个月宝宝的喂养

继续增加辅食的种类

这时候可以适当地为宝宝增加辅食的种类和数量，辅食的性质还以柔嫩、半固体为好。有的宝宝不喜欢吃粥，而是对大人吃的米饭感兴趣，也可以让宝宝尝试着吃一些软烂的米饭。这时候宝宝大部分已经长出乳牙，咀嚼能力也大大增强，妈妈可以把苹果、梨、水蜜桃等水果切成薄片，让宝宝拿着吃。像香蕉、葡萄等质地比较软的水果可以整个让宝宝拿着吃。

进食次数可以固定在一天4~5餐。早餐一定要保证质量，午餐则可以清淡些。上午可以给宝宝一些香蕉、苹果片、鸭梨片等水果当点心，下午可以加一点饼干和糖水。

浓鱼肝油每天保持6滴左右，分成2次喂给宝宝。鱼、肉每天50~75克，可以做成肉泥，也可以做成碎肉末；鸡蛋每天1个，蒸、炖、煮、炒都可以；豆制品每天25克左右，以豆腐和豆干为主。

制作方法可以更加复杂化。如果食物色、香、味俱全，能大大地激起宝宝的食欲，并增强宝宝的消化及吸收功能。但是太甜、太咸、太油腻、刺激性较强的食物和坚果类的食物还是不要给宝宝吃，也不要在给宝宝制作的辅食里面添加调味品（尤其是味精）。

宝宝不爱吃蔬菜怎么办

不爱吃蔬菜的宝宝是比较多的，就是到了幼儿期或儿童期，不爱吃蔬菜的宝宝也不少。如何让宝宝爱吃蔬菜呢?

到了这个月，大多数宝宝能吃炒菜或炖菜了。市售的蔬菜罐头最好不要给宝宝吃。

如果宝宝连炒菜炖菜都不爱吃，还可做蔬菜馄饨、饺子、丸子等。

一定要鼓励宝宝吃蔬菜，哪怕少一些。有的宝宝喜欢吃加酱油再加香油的米饭，一点菜也不需要。这是妈妈起初给宝宝的配餐错误导致的。

妈妈平时要多讲一些关于食物的故事给宝宝听，小孩的共同特点是喜欢听故事，用讲故事的方式向宝宝介绍食物的特点，宝宝很容易接受，可以在心理上增加对食物的感情。例如，在给宝宝吃萝卜之前，先讲小白兔拔萝卜的故事，然后给宝宝看大萝卜的可爱形状，最后将它端上餐桌，宝宝可能就会高高兴兴地品尝小白兔的食物了。

如果宝宝暂时无法接受某一两种蔬菜，哪怕是营养很好的蔬菜，也不必过分紧张，可以找到与它营养价值类似的一些蔬菜来满足宝宝的营养需求。比如说，不肯吃胡萝卜的可以吃富含胡萝卜素的绿菜花、豌豆苗、油麦菜等深绿色蔬菜。

什么情况下需要给宝宝补益生菌

益生菌是一种对人体有益的细菌，它可以促进体内菌群平衡，从而让身体更健康。父母应该适当地给宝宝补充益生菌，以增强宝宝身体的抵抗力，特别是下面这些情况的宝宝更应该补充益生菌。

服用抗菌素时需要补充益生菌。抗菌素尤其是广谱抗菌素不能识别有害菌和有益菌，所以它杀死敌人的时候往往把有益菌也杀死了。这时候或者过后补点益生菌，都会对维持肠道菌群的平衡起到很好的作用。

消化不良、牛奶不适应症、急慢性腹泻、大便干燥及吸收功能不好引起营养不良时，都可以给宝宝补充益生菌。

剖宫产和非母乳喂养的宝宝不能从妈妈那儿得到足够的益生菌源，可能会出现体质弱、食欲不振、大便干燥等现象，也应该适量补充益生菌。

对于免疫力低下或者需要增强免疫力的特殊时刻，补充益生菌能够有备无患。

带宝宝出行或旅游时带点益生菌类产品，如果宝宝肠胃不舒服，服用后能够有效缓解。

贴心小贴士

益生菌虽好处多多，但不少市售的由益生菌发酵而成的乳品添加了过量的糖分，有些添加糖量高达7～8颗方糖，妈妈在选择时要注意这一点，尽量选择含糖分较少的益生菌。

10个月宝宝的护理

宝宝不喜欢理发怎么办

理发时，除了尽量避免以上情况出现外，还是要消除宝宝的恐惧心理。可以带宝宝和其他小朋友一起去理发，并跟宝宝说“宝宝和哥哥一起剪头发，看谁更乖一些”，也可以妈妈和宝宝坐在一起理发，告诉宝宝理发不可怕。看到宝宝不愿意理发时，千万不要强迫，这样更会加重宝宝对理发的恐惧心理，也不利于心理健康。

妈妈可以自己买一套理发工具，让宝宝最喜欢最亲近的人——妈妈给他理发，奶奶在旁边拿着玩具吸引他的注意力，一般很顺利就能把头发理好。关键是妈妈之前要学会比较好的理发手法，以免弄疼宝宝，适得其反。

经常带宝宝去一家固定的理发店，与理发师熟悉熟悉，消除陌生感。去理发之前要告诉宝宝理完发之后他会变得更神气，理完之后还要说些“真帅，真好看”之类赞美的话。妈妈和家人还可以和他一起理，比比理完后谁更漂亮一些。宝宝渐渐就会把理发和愉快的感觉联系在一起，再也不会哭闹反抗了。

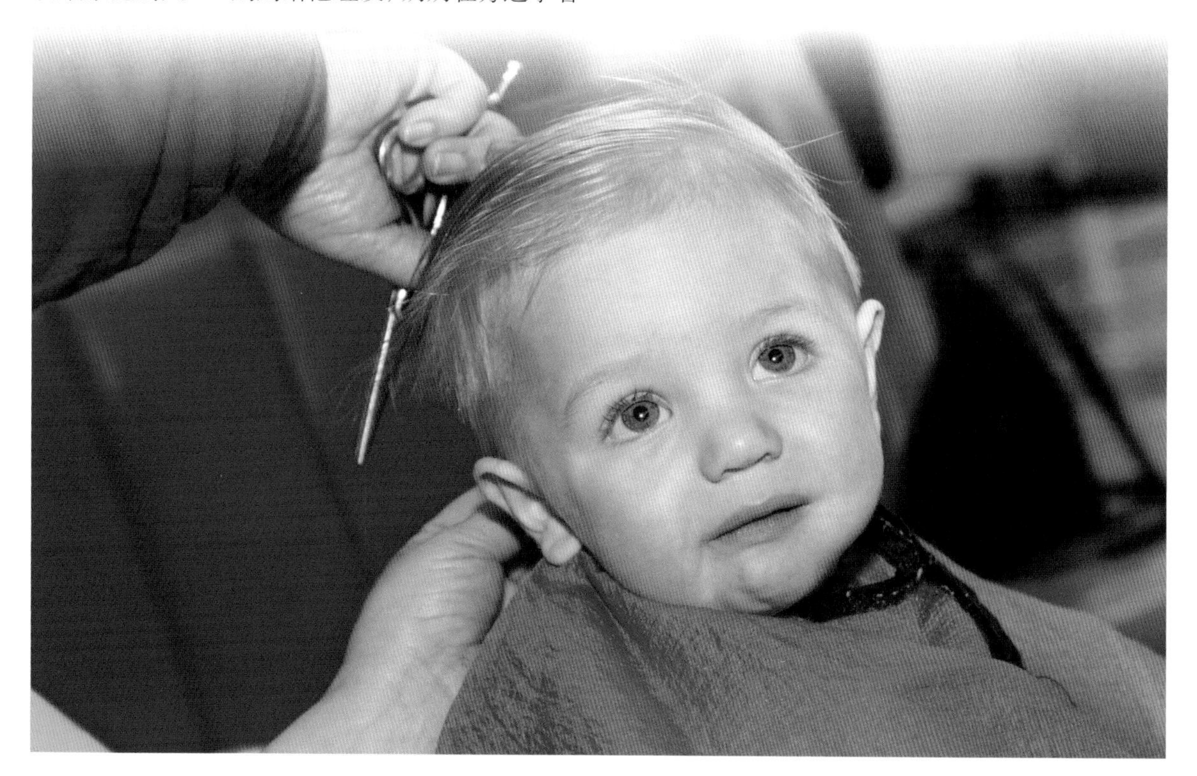

夏天给宝宝剃光头好不好

夏天，宝宝的头发不宜留得过长，因为除了通过呼吸排出人体部分热量外，皮肤排汗是排出热量的主要途径。但给宝宝剃太短的头发或剃光头也不可取，那样汗液里的盐分会直接刺激皮肤，宝宝会觉得头皮瘙痒。另外，因宝宝头发较少，一出汗就会不自觉地用手去抓痒，一旦抓出伤痕，就很容易引起细菌感染。此外，头发是天然遮阳伞，可以使头部皮肤免受强烈的阳光刺激。如果宝宝头发过短或根本没有头发，无疑等于失去“遮阳伞”的保护，从而增加了患日光性皮炎的可能。

贴心小贴士

夏季最好给宝宝理个小平头。如果宝宝的头发已经剃掉了，一定得在外出时戴上小遮阳帽。

宝宝晚上不让把尿怎么办

膀胱里有尿不舒服，睡眠轻的宝宝可能会醒来，妈妈习惯这时把尿，宝宝也能很快把尿排出来，放下又睡了，这是很好的。但并不是每次把尿都这么顺利，有时候妈妈把尿，宝宝不但不顺利排尿，还表示反抗，不让妈妈把，或哭闹，或打挺。这都是正常表现，妈妈不需要着急，也不需要想不通。

贴心小贴士

冬天把宝宝从温暖的被窝中抱出来，宝宝睡得正香，不希望妈妈打扰他，他马上又会进入深睡眠状态。妈妈不要总是按照自己的想法护理宝宝，应该时时刻刻想着宝宝的感受。

宝宝爱玩自己的“小鸡鸡”

有的宝宝喜欢玩弄自己的“小鸡鸡”，但不是所有的宝宝都有这个习惯。有的宝宝有这习惯主要是大人造成的。

导致这种现象的原因：

大人总喜欢拿宝宝的“小鸡鸡”开玩笑，把这当作是一种喜欢孩子的表现。

总有这样的现象，“来个小蛋吃”，手做出揪“小鸡鸡”的样子。

总有人把宝宝的注意力，转到他的“小鸡鸡”上。

这样宝宝开始注意自己的“小鸡鸡”，并开始模仿大人，揪“小鸡鸡”。

当妈妈发现宝宝有抓自己“小鸡鸡”的行为时，首先要平静对待。这么小的宝宝还没有性的概念，玩自己的生殖器，仅仅因为他对这个器官感兴趣，就好比他玩自己的小手、小脚和肚脐眼儿一样。父母对于宝宝玩生殖器的动作，只当没看见，不用大惊小怪，也不要呵斥宝宝，或强行纠正，最好能转移宝宝的注意力。如给宝宝一个好玩的玩具或者和他玩手指游戏，让他搭积木，玩球类游戏等都是不错的选择。

如果一段时间后，宝宝还是喜欢玩自己的“小鸡鸡”，建议妈妈给宝宝穿死裆裤。

宝宝胆子很小怎么办

有些宝宝生活范围很小，平常只生活在自己的小家庭里，从小由爷爷奶奶照看，很少带宝宝出去玩，接触外人也少，依赖性较强，不能独立地适应环境。这样的宝宝一见生人就躲藏，生人一抱他就哭闹。还有些宝宝在家里不听父母的话，如哭闹或不好好吃饭时，父母就用宝宝害怕的语言来吓唬他。用这些恐吓宝宝，从而使宝宝失去了安全感，而形成胆小怯懦。

让宝宝不再胆小

创造一个温馨祥和的家庭气氛，让宝宝自由自在地生活，并让宝宝有充分发挥的余地。

平时，处处注意培养宝宝的独立性、坚强的毅力和良好的生活习惯，鼓励宝宝去做力所能及的事情。当宝宝遇到困难时，不要一味包办，而要让他自己想法解决。

鼓励宝宝与人接触交往。要让宝宝和同龄伙伴多接触，有意识地邀请一些小朋友到家中来，让他做小主人。平时注意帮助宝宝结交新朋友。

端正父母的教育态度，从思想上认识对宝宝的溺爱、娇宠，只会造成宝宝怯懦、任性的性格。父母要树立起纠正宝宝怯懦性格的信心，要认识到只有教育得当，才能使年幼的宝宝得到健康发展。

10个月宝宝的早教

语言能力训练——教宝宝多用手语

教宝宝多用手语，可以促使他们更快学会说话，甚至还可以提高他们的智商。手语是宝宝说话的桥梁，对于简单的容易发音的词，他会尝试着说，对于难发音的词，宝宝也会用手语表达，这样无疑会促进他语言能力的发展。

育儿指导

宝宝总是对电视上看到的东西怀有莫大的兴趣。因此，妈妈可以购买教宝宝手语的录像和光盘，或一些关于宝宝手语的书籍。教宝宝手语就像教说话。在教手势时，妈妈要记住把手势与实物联系以来。比如，表达吃时，用食指轻触嘴巴；喝则需要拇指抬起，四指微屈，形成奶瓶的形状；牛奶可以用牧民挤奶的动作代替，反复握紧、张开拳头。

贴心小贴士

当宝宝扔东西时造成麻烦时，妈妈要记得保持耐心，可以告诉宝宝这是不能扔的，但不要大声呵斥，呵斥只会使宝宝变得缩手缩脚，内向、胆小。

精细动作能力训练——堆积木

智力型的积木玩具是大人为孩子选择的最理想的玩具，堆积木可以锻炼宝宝双眼协调能力，对宝宝脑力激发有很大的作用。

育儿指导

妈妈可以从现在开始培养宝宝堆积木的兴趣，从宝宝很小的时候开始，就送给宝宝一盘积木，不刻意要求他怎么玩，而是让他自己去摸索或别的宝宝一起玩。大多数宝宝开始只是简单地敲击积木、扔积木、捡积木，慢慢地就会把积木堆高，或把积木排长。

延伸阅读

宝宝堆积木的发展过程：

9个月：扔积木。妈妈不理他的时候，宝宝就顺手拿个积木或者拼图块飞镖过来。

10个月：敲积木。坐在地上自己倒出积木，手里拿着两块积木，不停地敲出啪啪响声，乐得他咯咯地笑个不停。

11个月：拆积木。坐在地上，宝宝开始学拆积木，倒出来再拆，越拆越起劲。

12个月：堆积木。宝宝突然知道将两个积木堆起来了，并且从此以后爱上了堆积木。妈妈开始多拿几块积木给宝宝，慢慢地增加。

16个月：慢慢地，宝宝懂得了怎样从中得到乐趣和成就感，宝宝越来越喜欢堆。堆得太高的时候，妈妈教他一边手要扶稳了，另一边再插上去。

大动作能力训练——教宝宝走路

学走路的时间规定

最佳时间：

宝宝饭后1小时、精神愉快的时候，是练习的好时机。

练习时间：

每天2~3次，每次走5~6步即可，可逐渐增加练习次数、拉长距离。

练习地点：

选择活动范围大，地面平，没有障碍物的地方学步。如冬季在室内学步，要特别注意避开煤炉、暖气片和室内锐利有棱角的东西，防止发生意外。

特别提示：

不宜过早开始训练，每天练习的时间不宜过长，否则，宝宝的腿可能弯曲变形。

育儿指导

当宝宝站得够稳时，他很快就能扶着东西走路，不过到他能够用两脚走路还有一段时间。妈妈可以试着让宝宝扶着床栏去拿稍远些的玩具："宝宝看，小狗熊向妈妈招手呢，妈妈过去跟它玩！"或是妈妈站在床的另一头，说："宝宝，来，往这边走。"多次训练以后，宝宝就可以慢慢扶着向前迈步了。

妈妈也可以牵着宝宝的一只手臂，拉着他慢慢走。妈妈的手臂是软的，比扶着家具走难度大。这主要是锻炼下肢肌肉及全身协调动作，使宝宝从坐爬到站、扶走、独行。行走的训练有时要延续几个月，妈妈每日与宝宝玩一会儿，不要操之过急。

写给妈妈的贴心话

宝宝喜欢扔东西

许多小宝宝在1岁左右的时候都喜欢扔东西，大的、小的，软的、硬的，贵的、便宜的，不论是什么，只要小宝宝拿到手里，看几眼，晃几下之后就会“啪”地把东西扔到地上。其实小宝宝摔东西是他探索世界的方式之一，是在满足他自己的好奇心。

育儿指导

对爱摔东西的小宝宝，妈妈们不要大声呵斥，呵斥只会使宝宝变得缩手缩脚，内向、胆小。扔东西是宝宝“学习”的一种方式，扔东西可以提高宝宝臂力、投掷能力，使手眼动作更协调。妈妈不妨多给宝宝一些机会，让他学习、观察，满足他的好奇心和探索欲。

妈妈准备一些可以扔的东西，比如塑料盒、旧书等，让宝宝“为所欲为”，对于1岁以内的宝宝，他们最喜欢的游戏是“我扔你捡”。把东西扔出去后用眼神或者“啊啊”的声音示意让父母捡。父母可以在捡的同时告诉宝宝这个动作叫“拿”，这样宝宝很快就会发“拿”这个音。

教宝宝与别人分享好东西

训练宝宝与别人分享好东西的品质，对宝宝日后的成长有着重要的意义。即使是宝宝非常喜欢的东西或者食物，也要让宝宝学会与别人分享。要让宝宝一点一点地明白什么行为是好的，什么是不好的，从宝宝懂事时就开始教他，以后就养成优良品质。

育儿指导

在日常生活中，父母应首先做到慷慨待人。如肯把东西借给邻居使用，能主动把好吃的食品拿出来让别人吃，乐意把自己心爱的物品转让给别人等。

利用电影、电视、童话、故事等文学作品中的慷慨形象教育宝宝、熏陶宝宝。

在日常生活中，为宝宝提供机会。如买回的糖果不要全部留给宝宝吃，要让宝宝亲自把糖果分给家庭成员；玩耍时，引导宝宝把心爱的积木、玩具等分一些给小朋友玩。

在宝宝与小伙伴的交往过程中，家长还可以指导宝宝相互交换玩具进行玩耍。在反复交换玩具的过程中，宝宝就会逐渐明白礼尚往来的必要性与相互帮助的重要性。

鼓励宝宝帮助困难者，并不忘及时表扬宝宝。

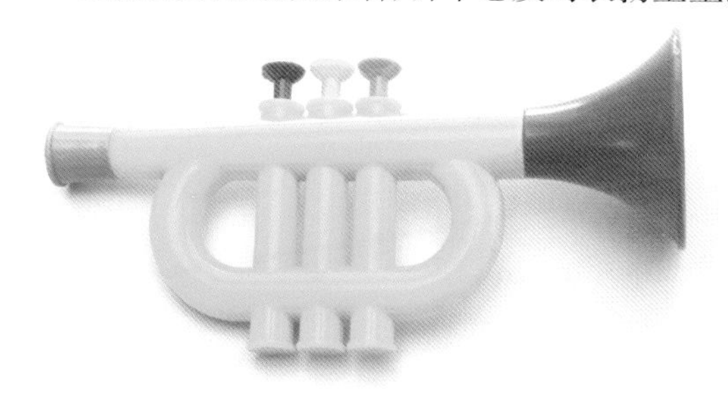

让宝宝接触更多的小朋友

宝宝与小伙伴之间的交往，与他同成人的交往相比，有着不可替代的特殊作用：

宝宝通过互相模仿，可学会一个玩具的多种玩法，开阔了眼界，发展了动手操作、解决问题的能力；同小伙伴一起玩耍时，一不能独占玩具，二要体谅别人，三能在各种社交情境和场合中学会解决矛盾和冲突：他渐渐明白当向小伙伴愉快地微笑、友好地抚摸、高兴地拍手、关切地注意时，能得到肯定与接受，获得分享与合作的欢乐，而当抓人、打人、抢夺别人的玩具时就会引起反感，甚至引起同伴同样的行为。

育儿指导

妈妈应选在风和日丽的时候，抱着小宝宝到户外活动，不仅可以晒太阳，认事物，学爬、站、走、跑、跳，还是宝宝与同伴交往的好机会。天气好时会有许多年龄相仿的宝宝到外面晒太阳，一开始宝宝只是进行最简单的社交行为：对视、相互注意，彼此逐渐熟悉后，大人可以引导宝宝主动与小伙伴握握手、摸摸脚，互相亲亲脸蛋等，学会称呼后，每次见面可以互相打个招呼，1岁左右时可以合作玩些游戏。

宝宝两两在一起活动，要比许多宝宝在一起活动更有利于社交行为的发展，妈妈可以仔细观察宝宝的社交活动，留意宝宝最喜欢的那个小伙伴，经常制造机会让他们在一起玩，进行较深入的交往。

Part 11 11个月宝宝

宝宝这两个月的生长规律也没有多大起伏，平均每月身高增长 1.0 ~ 1.5 厘米，体重增加 220 ~ 370 克，头围增加 0.6 ~ 0.7 厘米。

不过，宝宝容貌的变化较大，胸围逐渐赶上头围，比例更协调，但看起来仍是一个婴儿的样子，腹部和头部仍然是最大部位。

到这个时候，宝宝的身体发育异常已经较少，对宝宝身体的关注可以放在体能的锻炼上，锻炼他的肌肉力量，包括手臂、腿脚、腰腹等，坚持协助宝宝做体操是一个不错的锻炼方式。

身体发育标准

身高·体重·头围·胸围

		女宝宝	男宝宝
11个月	身高	68.8~79.2厘米，平均74.0厘米	70.1~80.5厘米，平均75.3厘米
	体重	7.2~11.2千克，平均9.2千克	7.7~11.9千克，平均9.8千克
	头围	43.4~47.8厘米，平均45.6厘米	43.7~48.9厘米，平均46.3厘米
	胸围	41.1~49.1厘米，平均45.1厘米	42.2~50.2厘米，平均46.2厘米

11 个月宝宝的喂养

向幼儿的哺喂方式过渡

11个月的宝宝普遍已长出了上下中切牙，能咬下较硬的食物。相应地，这个阶段的哺喂也要逐步向幼儿方式过渡，餐数适当减少，每餐餐量增加。

每天早晚各一次喂宝宝母乳或母乳加配方奶，每次250毫升左右，上午每间隔一个半小时给宝宝加餐一次。根据宝宝的食量，每次总量为80~150克，下午给宝宝加餐2次，每次总量为150克左右。

此外，每天1次给宝宝喂食适量鱼肝油，并保证饮用适量白开水。

第11个月的宝宝仍以稀粥、软面为主食，适量增加鸡蛋羹、肉末、蔬菜之类。多给宝宝吃些新鲜的水果，但吃前要帮宝宝去皮核。这时，一般的宝宝不愿意吃擦碎的水果，因他要嚼食果肉的味道。

宝宝吃多吃少都没有关系

妈妈看到别的宝宝能吃一碗饭，而自己的宝宝只吃几口饭，就开始着急，这是不对的。

别的宝宝吃得多，情况可能是这样的：

可能是食量大的宝宝。

可能是有肥胖倾向的宝宝。

可能是其他食物吃得少。

可能是爱吃饭，不爱吃奶的宝宝。

你的宝宝吃得少，情况可能是这样的：

宝宝吃奶多，吃饭少。

宝宝食量小。

宝宝可能喜欢吃蛋肉。

宝宝能吃多少不是重点，重点是宝宝是不是健康，生长发育是否正常。如果宝宝一切都好，精神好，生长发育正常，吃多吃少都没有关系。

宝宝断奶的最佳时间

1岁左右是宝宝断奶的最佳时间，最迟不要超过2岁，如果在增加辅食的条件下仍保留每天1~2次母乳直到一岁半或两岁也是可以的。

需要断掉母乳的情况

除了母乳，宝宝什么也不吃，严重影响宝宝的营养摄入，同时严重影响了母子的睡眠，一晚上总是频繁要奶吃。

母乳很少，但宝宝就是恋母乳，饿得哭哭啼啼，可就是固执地不吃其他食物。

出现以上三种情况或有不宜再吃母乳的医学原因，就可在宝宝一岁时彻底断掉母乳了。

断奶的关键在于及早地、按时地去增加断奶食物即辅食，一方面，让宝宝能得到充分的营养来满足自身生长发育的需要；另一方面，让宝宝慢慢地习惯辅食，逐渐地、自然而然地断掉母乳，即所谓的自然断奶。

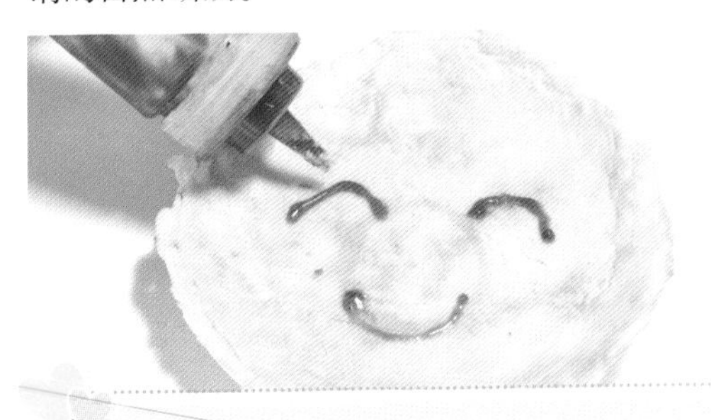

贴心小贴士

给宝宝断奶的最佳季节——春秋季节。如果按时间推算，宝宝的断奶时间正好赶在夏季的话，可以适当往后推一两个月。另外，宝宝的身体出现不适时，断奶时间也应当适当延后。

关于断奶的一些建议

少吃母乳，多喂牛奶。开始断奶时，可以每天都给宝宝喝一些配方奶，也可以喝新鲜的全脂牛奶。需要注意的是，尽量鼓励宝宝多喝牛奶，但如果他想吃母乳，妈妈也不该拒绝他。

可以先断掉夜里的奶，再断临睡前的奶。宝宝睡觉时，可以改由爸爸或家人哄宝宝睡觉，妈妈避开一会儿。但如果宝宝半夜醒来不喝奶就不睡觉，还是得给他喝，可以改成喂配方奶或牛奶。让半夜醒来的宝宝很快入睡是目的，让宝宝不夜啼也是目的。能达到这个目的，夜间吃奶并非禁忌。

并不是说到了1岁以后就要马上断奶，如果不影响宝宝对其他饮食的摄入，也不影响宝宝睡觉，妈妈还有奶水，母乳喂养可延续到1岁半。

有些宝宝1岁以后，即使妈妈不强行断奶，宝宝对母乳也已经不怎么感兴趣了，可吃可不吃的样子，这样的宝宝是很好断奶的，不要采取什么在乳头上抹辣椒、贴胶布等硬性措施。

即使1岁还断不了母乳，再过几个月，也能顺利断掉母乳。婴儿到了该断奶的时候，就会有一种自然倾向，不再喜欢吸吮母乳了。母乳少的妈妈，基本可以不吃断乳药，宝宝不吃了，乳汁也就自然没有了。

贴心小贴士

断奶后妈妈若有不同程度的奶胀，可用吸奶器或人工将奶吸出，同时用生麦芽60克、生山楂30克水煎当茶饮，3~4天即可回奶，切忌热敷或按摩。

11个月宝宝的护理

宝宝早上总是起得很早怎么办

早起对于大人来说是个习惯，可对于不到1岁的宝宝来说，每天5～6点就闹着要起床可不是好事，这多半表示宝宝晚上休息不够，而且还打扰到精力不足的妈妈。防止宝宝早起，妈妈不妨参考以下办法：

一开始可不加理睬

在宝宝清晨发出第一声啼哭时，爸爸妈妈不妨稍微等待一下，如果宝宝不是大哭尖叫，可以慢慢加长等待的时间，宝宝哭一会儿后也许能翻个身再睡，或乖乖地自我娱乐一番。

避免晨光直射进来

宝宝对光线比较敏感，早上天一亮就会醒来，可以将宝宝卧室的窗帘弄得厚一些，以更好地隔离光源，不让早晨的阳光直接照进宝宝的卧室。如果这样宝宝还是天微微亮就哭，可以在他醒来后看得到的地方，如床边放一些安全的玩具，这样宝宝一睁眼就看到玩具，能降低哭闹的概率。

不要让房间能听到噪声

宝宝对噪声非常反感，如果睡觉时听到噪声，他必然会哭闹，因此宝宝的房间一定要隔音，尤其是当居所面对大街时，睡前一定要关紧窗户，宝宝的房间尽量远离街道，以免早晨的噪声惊醒宝宝。

控制白天睡觉的时间

这个月的宝宝每天可以睡15小时左右，宝宝如果白天睡得太多，晚上自然就睡得少，在不让宝宝过于疲惫的基础上，可以让宝宝白天睡得少一点。

爱早起的宝宝醒来1～2小时后往往要睡个回笼觉，这时可以尝试延缓宝宝再度入睡的时间，慢慢地从每天延长半小时一直到1小时，以至能延迟宝宝早上醒来的时间。

晚上别让宝宝睡得太早

道理与控制白天睡觉时间一样，可以从每天让宝宝推迟半小时睡觉，一直到把宝宝睡觉时间延迟1～2小时，睡得晚起得自然会晚，宝宝早起的毛病就可以克服了。

贴心小贴士

妈妈要注意的是，宝宝早餐的时间一定不要太早，不要养成早起吃了早餐又回去睡觉的习惯，这样一来宝宝一到这个点就会醒来哭闹，可以适当调整喂奶和吃辅食的时间，将早餐时间延迟到早起之后。

宝宝不肯洗脸怎么办

宝宝不愿意洗脸应该有他的原因，或是怕黑，或是因为水弄到眼睛里了，或是影响他呼吸了，或是闻到肥皂的气味了……因此，把握宝宝的心理也是很重要的，如宝宝往往对感兴趣的事愿意去做，宝宝喜欢听表扬的话，宝宝喜欢自己动手等。所以，对付不肯洗脸的宝宝，妈妈要使用一些小技巧。

让宝宝爱上洗脸

让宝宝选择用具

把东西放在宝宝够得着的地方，让宝宝自己挑选洗盥用品，宝宝用起来会更有兴趣。例如，1~2岁的宝宝喜欢印动物、小人头的毛巾。给宝宝使用无刺激性的香皂，以免刺激眼睛，从而觉得洗脸很不愉快。把用剩下的小皂头切成小片缝在小口袋里，制成一个“自动”香皂器，让宝宝用手指蘸着皂液把手和脸洗干净，宝宝会觉得很好玩。

要调动宝宝对洗脸的兴趣

比如，大人做个示范，把洗脸和玩结合起来，引起宝宝的兴趣。

给娃娃洗脸

宝宝喜欢模仿，妈妈拿个娃娃，一边给宝宝洗脸，一边给它们洗脸，也可以让宝宝给娃娃洗脸，妈妈就给宝宝洗脸，慢慢地宝宝自然会喜欢上洗脸。

贴心小贴士

妈妈在给宝宝洗脸时动作要温柔，轻轻地擦洗，边洗边跟宝宝说话，千万不要因为宝宝不爱洗脸就硬来，使劲地擦，这样只会令宝宝更加反感。

表扬宝宝

宝宝一般都爱漂亮，洗完了告诉他很漂亮，很白，他会喜欢的。

奖励宝宝

在洗澡间贴一张图表，宝宝每次饭前便后都洗手，就在上面画个红色的钩；当宝宝把脸和手洗得干干净净坐在饭桌前时，就可赢得一张笑脸贴在图上；另外，当分数攒够一定数目后，奖励宝宝一个他喜欢的玩具或者他爱吃的点心。

妈妈监督

妈妈扮成一位检查官或巡警，宝宝盥洗完毕后就仔细检查，只要妈妈演得很滑稽，宝宝就会对此乐不可支，觉得这件事很好玩。如果宝宝洗得很干净，应该马上表扬他。

11个月宝宝的早教

语言能力训练——给宝宝讲故事

宝宝现在可能还不能说话，但是可以听有简单情节的故事了。宝宝听到故事里的紧张情节的时候，面部有紧张的表情；听到伤心处会哭丧着脸；听到快乐时也会跟着快乐，宝宝的面部表情会随着情节而变化。所以妈妈应该多给宝宝讲故事，培养宝宝的语言能力和辨别情感的能力。

育儿指导

故事的选题要好

几乎每个成年人都能记起孩提时代最令人难忘的故事，所以形象生动活泼的故事可提高宝宝的兴致，宝宝喜欢听，也记得住。尽管不同的时代都有不同的故事，但古今中外著名的童话故事，仍然在教育着一代又一代的少年朋友。妈妈可以选购几本宝宝故事书，宝宝故事要求内容健康向上，具有趣味性，语言生动形象，贴近宝宝生活，富有生活哲理。

边讲故事边发问

在讲故事过程中，可以插入几个小问题。虽然宝宝现在还不能回答，但这种边讲故事边发问的方法，可使故事更生动形象，还可锻炼宝宝的记忆力和语言能力，以及锻炼宝宝的想象力和创造力。

讲故事时间不宜太长

讲故事可以随时随地，但每次讲故事的时间不要太长。尽量不要讲一些容易使宝宝害怕的鬼怪故事，尤其是在晚上宝宝入睡前不要讲惊险、刺激的故事。

精细动作能力训练——宝宝爱敲敲打打

敲打是宝宝在发育过程中的一种探索行为。8~12个月的宝宝，要了解各种各样的物体，了解物体与物体之间的相互关系，了解他的动作所能产生的结果，通过敲打不同的物体，使他知道这样做就能产生不同的声响，而且用力强弱不同，产生音响的效果也不同。比如，用木块敲打桌子，会发出“啪啪”的声音；敲打铁锅则发出“当当”声；一手拿一块对着敲，声音似乎更为奇妙。宝宝很快就学会选择敲打物，学会控制敲打的力量，发展了动作的协调性。

育儿指导

建议妈妈不要给这个年龄的宝宝买高档新玩具，只需找一些带把的勺子、玩具锤子、玩具小铁锅、纸盒之类的东西就足够了。宝宝敲敲打打，可学会控制敲打的力量，随即发展了自身动作的协调性。

大动作能力训练——训练宝宝下蹲站起

单独蹲着需要小腿部肌肉的发育和大脑的平衡能力，从蹲位不扶东西站起来更需要下肢和臀部肌肉的力量和平衡稳定性。下蹲和站起训练要能学会蹲下去而不是坐在地上，宝宝大概要到1岁半左右才能掌握，而且要经过反复训练才能达到。但是，11个月的宝宝，虽然能力有限，对新鲜事物的好奇心却很大，在妈妈的帮助下，可以完成下蹲站起的动作。这时候对宝宝进行下蹲站起训练，不但可以训练宝宝的大动作能力，还可以训练宝宝的空间运动感。

育儿指导

妈妈蹲着握住宝宝双手腕，宝宝与妈妈面对面站着。待宝宝站稳时妈妈说“蹲下”指令，同时将宝宝双手轻轻下压，此时宝宝通过上臂力下沉而下蹲。下蹲姿势维持数秒钟后，再缓缓向上拉起，使宝宝随之起立。

练习依靠玩具效果更好，妈妈可以在低矮处放些玩具，妈妈扶住宝宝的腋下让宝宝蹲下去取玩具。

写给妈妈的贴心话

鼓励宝宝去探索

宝宝在玩玩具做游戏时，妈妈尽量不要手把手去教，也不要急于帮助他，鼓励宝宝自己想办法去探索。在不断探索的过程中，宝宝会发现解决问题的好办法，体会到成功的喜悦，这对宝宝今后积极地探索世界大有好处。

育儿指导

妈妈可以把宝宝喜欢的玩具拴上一根绳子，把玩具放到宝宝拿不到的地方，把绳子放在宝宝手边，妈妈逗引宝宝拿玩具，在经过努力拿不到玩具的情况下，看宝宝是否能拉绳子抓到玩具。

另外一种训练方法是把一个干净的小口塑料瓶装几颗小圆糖，然后对宝宝说“宝宝快把瓶子里的糖拿出来”，看宝宝用什么办法将瓶中圆糖取出来。宝宝开始可能会用手去抓，当手塞不进去时，也可能会用旁边的小勺塞进瓶子里去掏，经过多种方法努力后，宝宝最终会学会把瓶子倒过来从而倒出糖丸。这是一个了不起的进步，宝宝经过自己的努力取得了成功，以后不管做任何事，宝宝都会自己去想办法，动脑筋，这对培养宝宝的独立性和探索精神非常有帮助。

培养宝宝独自玩耍的能力

在宝宝情绪好的时候，父母可将一些玩具放在宝宝周围，让他自己玩一会儿，训练宝宝自己玩一会儿，有利于养成宝宝从小独立支配自己的好习惯。

有些父母爱子心切，只要宝宝醒着就逗他玩，长此以往，宝宝就不善于自己嬉戏，也不肯自己玩。然而父母是不可能永远守在宝宝身边的，一旦宝宝醒来，发现父母不在身边，便会哭喊。有些宝宝习惯了让人逗着玩，时时刻刻都要缠着父母，养成严重的依赖性。

育儿指导

由于宝宝的个性差异很大，所以究竟让宝宝自己玩多长时间要视具体情况而定。应注意不要宝宝一闹就抱，但也不要让宝宝哭得太厉害。可以有计划地逐渐延长宝宝自己玩的时间，宝宝独自玩耍时，父母应经常留心观看，确保宝宝的安全。

另外，当宝宝伸手拿东西拿不到时，妈妈可以引导他使用“工具”去拿，而不是代他去拿。比如桌上有一块糖，宝宝够不着，很着急，妈妈不要替他拿，而是给他一根筷子或一个长柄勺。宝宝可用勺把糖拨到近前，但要时刻注意宝宝安全。如果宝宝不明白，爸爸可以提醒他去做。

Part 12 12个月宝宝

宝宝的身体比例更加协调，躯干、四肢较长，不再是之前那个头重脚轻的大头娃娃了。这种成长带给父母一种错觉，宝宝的头围似乎变小了，不过这只是错觉而已，不用担心。

在宝宝 12 个月时，下面的一对乳侧切牙会萌出，牙齿的数量达到了 8 颗，已经比较可观了，可以吃更多食物了。因为宝宝的乳牙一般比成人换牙之后的恒牙外形要圆润、齐整，所以显得特别好看，现在宝宝被逗笑之后，很招人喜爱。

身体发育标准

身高·体重·头围·胸围

		女宝宝	男宝宝
12个月	身高	70.3~81.5厘米，平均75.9厘米	71.9~82.7厘米，平均77.3厘米
	体重	7.4~11.6千克，平均9.5千克	8.0~12.2千克，平均10.1千克
	头围	43.0~47.8厘米，平均45.4厘米	43.9~49.1厘米，平均46.5厘米
	胸围	41.4~49.4厘米，平均45.4厘米	42.5~50.5厘米，平均46.5厘米

12个月宝宝的喂养

让宝宝定时定点吃饭

定时：一日三餐定时，就能够形成固定的规律，使时间成为条件刺激，到时就会有饥饿感并产生食欲。此外，按时吃饭，使两餐间隔时间在4~5小时，这正是肠胃对食物有效地消化、吸收和胃排空的时间，使消化系统处在有节律的活动状态，保证充分足够地消化吸收营养和保持旺盛的食欲。这对宝宝的生长发育是非常有利的。

定点：不管是和爸爸妈妈一起吃饭，还是宝宝单独吃饭，都要让宝宝有一个属于他自己的固定的用餐地点，而且要让宝宝在吃完自己的饭菜后才能离开座位。这样坚持要求，持之以恒，宝宝就会形成吃饭时间一到就去找餐椅的意识和习惯，而不致养成走到哪儿吃到哪儿的不良习惯。

贴心小贴士

妈妈不能随便给宝宝吃零食，尤其是吃饭前。零食会令宝宝产生饱腹感，导致正餐时不爱吃饭。但两餐之间喝水、喝牛奶、吃点水果等是可以的。

培养宝宝专心进餐的习惯

培养宝宝的吃饭兴趣

要想培养宝宝专心进餐的习惯，妈妈就要让宝宝对吃饭产生兴趣。宝宝们对于专属于自己的东西总是有很大的兴趣。在宝宝学会独立吃饭后，你可以为宝宝准备一套图案可爱、使用方便的专属餐具，能在很大的程度上提高宝宝的用餐欲望，使宝宝对吃饭变得热爱起来。

还可以多花点心思，为宝宝做一些创意新颖、色香味俱全的饭菜，有效地激起宝宝吃饭的兴趣，使宝宝在吃饭的时候变得专心起来。如果让宝宝参与了做饭的过程，宝宝对吃饭将抱有更大的热情，吃饭的时候也能变得更专心。

营造良好的吃饭氛围

妈妈最好专门为宝宝准备一把餐椅，一到吃饭的时候就让宝宝坐在上面，使宝宝产生“我要吃饭了”的心理暗示，提前进入吃饭状态。宝宝吃饭的时候，妈妈最好把电视关掉，并将宝宝视线范围内所有能影响宝宝吃饭的东西拿掉，还要和家里人说好，不要谈论和吃饭无关的话题，以免宝宝因为其他的事情分心，不肯好好吃饭。

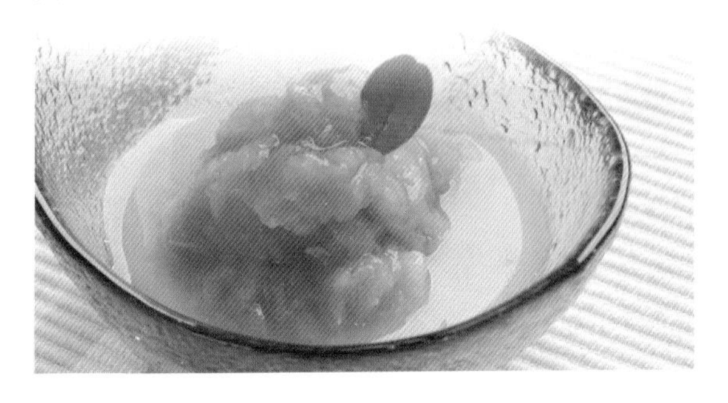

不要阻止宝宝用手抓食物

一岁左右的宝宝喜欢用手抓饭吃，许多妈妈都会竭力纠正这样“没规矩”的动作。但是，宝宝手抓食物的过程对他们来说就是一种愉悦。宝宝学“吃饭”实质上也是一种兴趣的培养，这和看书、玩耍没有什么两样，因为用手拿、用手抓，就可以掌握食物的形状和特性。要知道，其实根本就没有宝宝不喜欢吃的食物，只是在于接触次数的频繁与否，而只有这样反复“亲手”接触，他们对食物才会越来越熟悉，将来就不太可能挑食。

妈妈只要将宝宝小手洗干净，就可以让他用手抓食物来吃，这样有利于宝宝形成良好的进食习惯。

此外，妈妈平时多教宝宝用拇指和食指拿东西，或给宝宝做一些能够用手拿着吃的东西或一些切成条和片的蔬菜，以便他能够感受到自己吃饭是怎么回事。还可以与宝宝玩吃饭的游戏，教宝宝怎么拿匙子、怎样用杯子喝水等。

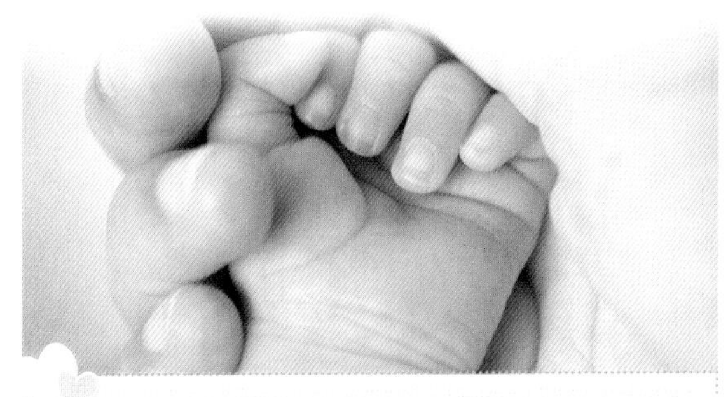

贴心小贴士

让孩子学习吃饭的过程，是绝对不可能保持“整洁美观”的，所以事前准备好吃饭用的围巾；并在餐桌上加餐垫，以及在孩子座位周遭的地板上铺设旧报纸，就可以一举两得了。

养成细嚼慢咽的习惯

吃饭太快会引起宝宝大脑中的饱食中枢和饥饿中枢的调节失衡，使宝宝容易吃得过多而出现肥胖。吃饭时狼吞虎咽，饭菜还没有嚼烂就被宝宝咽到了肚子里，只能让宝宝的胃花很大的力气去消化食物，还容易因为消化液没有充分分泌而造成食物消化不完全，使宝宝容易得胃肠道疾病。如果宝宝吃饭太快，不能充分咀嚼食物，还容易使宝宝的颌骨发育不充分，使宝宝出现颌面畸形、牙齿排列不齐、咬合错位等缺陷。

所以，为了宝宝的健康成长，妈妈一定要注意培养宝宝吃饭细嚼慢咽的好习惯，使宝宝不要吃得太快。

要培养宝宝吃饭细嚼慢咽的习惯，妈妈的提醒是非常重要的。在宝宝吃饭的时候，妈妈还可以和宝宝做一个小小的实验：先不提醒宝宝，让宝宝按平时的吃饭速度吃下一口饭，让宝宝说一说吃进去的食物的味道；再盛一口饭，让宝宝咀嚼15～20下后再咽下去，让宝宝说一说这次吃进去的味道。很多食物在多嚼和少嚼的情况下味道是有很大差异的。一般来说，咀嚼的次数越多，宝宝唾液中的各种酶和食物混合得越充分，宝宝就越能品尝到食物的各种美妙味道。经过这样的对比，宝宝就会明白咀嚼得越多饭就越香，从而使宝宝养成细嚼慢咽的好习惯。

宝宝不爱吃肉怎么办

有时候宝宝不愿意吃肉是因为吃饭时不饿，妈妈不妨在吃饭前多带宝宝玩一玩，运动起来的宝宝消耗多，胃口也就开了，处于饥饿状态的宝宝上了餐桌也不会嫌弃肉的，久而久之就能喜欢上吃肉。

做肉时可以尽量切得细碎些，多做些花样，比如与蔬菜、面条、鸡蛋等拌食，做成肉末粥等，若宝宝还是不大乐意接受，可以多与宝宝喜欢的食物进行混搭，让宝宝不知不觉间接受，还可以用肉馅包一些小动物形状的小包子，宝宝会很喜欢。

宝宝吃肉的种类可以稍加调整，一般来说，鸡胸肉质地软嫩、味道清香，宝宝会比较喜欢，可以先多给点鸡肉，待宝宝适应后再给以猪肉和其他肉类，猪肉纤维较粗，肉质也会硬些，宝宝可能一时不易接受。

宝宝喜欢边吃边玩怎么办

妈妈要让宝宝养成定时定点吃饭的饮食习惯，固定餐桌和餐位。最好将宝宝的餐位放在最靠内侧的位置，让宝宝不方便进出。

避免宝宝餐前过分兴奋。如果宝宝在进餐时神经高度兴奋，就会难以专心地吃饭。在进餐以前不要让宝宝做运动量大的活动，可以进行一些安静活动，散散步、看看书、唱唱儿歌等，让宝宝的情绪稳定下来。

可以让宝宝分发碗筷、布置吃饭用的桌椅、营造吃饭氛围，让宝宝体会吃饭的乐趣和作为家庭小主人的感觉，这些都可以在一定程度上吸引宝宝专心吃饭。

宝宝自控力较低，注意力容易随外界转移。吃饭时电视节目、玩具或其他新奇的东西都会吸引宝宝的注意力。父母最好在每次进餐前关闭电视，播放一些轻柔的音乐，并坚持让宝宝坐到餐桌前吃饭，为宝宝营造一个温馨的进餐环境。

贴心小贴士

如果宝宝吃到一半就开始玩，也可能表示他不想吃了，由于吃饱了，所以就开始玩，此时不可强迫他再吃。宝宝吃得太饱，容易消化不良。

宝宝挑食怎么办

宝宝挑食是很常见的，什么都吃的宝宝不多，每个宝宝都有饮食种类上的好恶。要慢慢养成不偏食的习惯，但不能强迫宝宝吃不爱吃的东西。

给宝宝选择食物的权利

进餐时要有轻松的交流，如果妈妈发现宝宝不喜欢某种食物，妈妈可以采用一些建议的口吻或说话技巧。如我们尝尝这个怎么样？这个和那个拌着吃更好吃、妈妈和宝宝一人一半好不好？注意是允许选择，绝不是迎合宝宝的挑食。允许选择一般是在宝宝自己提出不愿吃的时候。

食物设计和烹饪讲究技巧

当宝宝不喜欢某种食物时要分析烹调中是否有问题，如不要一连几天重复同一种食物，食物一定要有变化，可以将宝宝喜欢的食物和不喜欢的食物搭配起来，可以将食物做成可爱的卡通人，如将胡萝卜切小块后做成小人，再蒸、煎或煮熟。

善于利用小故事、小游戏

妈妈可以用小故事启发宝宝，例：某某就是吃了什么，才长得高，成了冠军；某某动画明星，很喜欢吃鸡蛋才有本事；小兔子那么喜欢吃胡萝卜所以才长得那么可爱的……以此来激发宝宝对食物的兴趣。

贴心小贴士

妈妈不要按照自己的喜好来选择宝宝每天的饮食，这样会使宝宝常吃到某些菜，而某些菜却很少见，无意识地造成宝宝偏食的习惯。

12个月宝宝的护理

宝宝是左撇子要不要纠正

日常生活中左撇子确实会遇到许多困难，但是，强迫左撇子改用右手是有一定害处的。比如会造成左脑负担过重，左右脑功能失调，右脑功能混乱，阻碍宝宝创造力的发展。强行纠正左撇子还可能造成宝宝口吃、语音不清、唱歌走调、阅读困难、智力发育迟滞，甚至神经质。因此，对习惯用左手的宝宝，父母千万不可去强迫他们改用右手，最好的态度是顺其自然。

妈妈应当允许宝宝自由地使用左手。用左手做事已不会发生任何困难，现在左手用剪刀、机器等各种用具已应有尽有。

此外，妈妈要多刺激宝宝用不常使用的那只手，左撇子的宝宝可以多让他用右手捡球。宝宝用左手吃饭，就尽量让宝宝学会用右手写字等，但不可勉强。

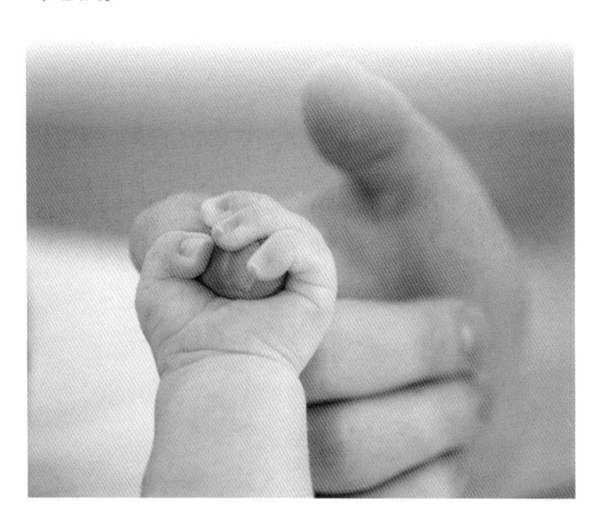

宝宝门牙之间有缝影响以后牙齿发育吗

乳牙稀疏有缝叫生理间隙。一般来说，乳牙的尺寸是会相对小一些，而且中间有一定缝隙，这主要是为恒牙的萌出留出足够的空间。所以宝宝的乳牙稀疏一些，但总数目不少，这基本还是正常的，父母不必着急。

不过，也有少数的小孩是因为两个门牙之间有多生牙，所以才会存在空隙的，只要拍片就可以发现。当然，还有极少数小孩是因为唇系带长得又粗、又低，使两个中切牙不能靠拢导致的，这些就需要进行手术治疗了。

建议在宝宝长牙期间，父母一定要定期带宝宝到医院进行口腔检查，及时发现牙齿问题，及时治疗，从而最大限度地减少宝宝牙齿存在的问题。

可以训练大小便了

从现在开始可以训练宝宝大小便，但不能指望能很快奏效。1岁半的宝宝会蹲下撒尿，晚上会醒来叫嚷着尿尿，已经是很不错了。2周岁以后会告诉排大便，不再拉裤子了说明训练是很成功的。

如果宝宝让妈妈把尿，也喜欢坐便盆，就慢慢训练下去。如果宝宝反对妈妈这样做，把尿就打挺，坐便盆就闹，一定不要强迫宝宝，过一段时间再训练。

训练大小便

为宝宝准备便盆，让宝宝知道不能随地“方便”

宝宝很小时，就应为他准备一个尺寸适合的便盆，通过使用自己专用的便盆，让他逐渐理解大小便要排在固定的地方，不能随地大小便的道理。

教宝宝表达大小便的需要

较小的宝宝可能不会主动表达大小便需要，这时妈妈要注意观察宝宝的大小便规律，在估计宝宝需要大小便时，询问宝宝是否需要大小便，宝宝回答之后，要进一步询问宝宝是要大便还是小便，鼓励宝宝清楚地表达出来。另外，不要忽略对宝宝主动表达排便需要的行为予以表扬。

让宝宝形成有规律的大便时间和次数

由于大便的时间相对较长，处理起来也比较麻烦，所以，最好让宝宝形成有规律的大便时间和次数。你可根据对宝宝大便情况的观察，到差不多的时间就开始提醒宝宝大便，使宝宝形成固定的条件反射。直到不需要提醒，宝宝也能在固定的时间自己大便。

排大便的时间以清晨为最好，这对宝宝一天的吃、玩、睡都有好处。晚上临睡前排便也可以，可使宝宝夜间睡得踏实。

宝宝睡觉打鼾有没有问题

宝宝的鼻道狭窄，容易引起鼻腔堵塞，咽喉部狭小且较垂直，也易肿大闭塞，从而导致打鼾，当宝宝感冒或患其他上呼吸道急性感染时特别容易引起鼻咽部充血肿胀，堵塞鼻咽道而引起打鼾，若鼻咽腺样体肥大、感冒反复发作，会导致长期打鼾。

此外，宝宝肥胖或睡姿不当也会引起打鼾，仰面朝天睡是引起打呼噜的主要姿势。

防治宝宝打鼾

均衡膳食，给宝宝及时添加辅食，增加食物的多样性，合理喂养。

帮助宝宝增强体质，减少上呼吸道感染的概率，多到户外晒晒太阳，呼吸新鲜空气，多做做爬行游戏，让身体健壮起来。

及时帮助宝宝清理鼻腔里的鼻涕或其他污物，保持鼻子相对通畅。

若宝宝仰面睡觉打呼噜，可尝试给宝宝换个睡姿，给宝宝的头部用枕头适当垫高。

若腺样体肥大严重，鼻炎、感冒等经久不治，可考虑手术治疗。

贴心小贴士

若经过适当调理和预防后，宝宝打呼噜的症状仍然较重，要及时咨询医生。

宝宝晚上磨牙怎样纠正

宝宝夜间磨牙或咀嚼往往是某些疾病或不良生活习惯的信号，妈妈要仔细观察和分析。

如果宝宝肚子子里有蛔虫，宝宝会失眠、烦躁，并且夜间磨牙。这时妈妈应该给宝宝驱虫，平时应养成良好的卫生习惯。不要在临睡前让宝宝吃东西，吃饭后不要立即睡觉，待休息一会儿再上床。晚餐吃得过饱会增加胃肠道的负担，消化系统晚上不休息，连续工作，甚至连咀嚼肌也被动员起来，不由自主地收缩，从而引起磨牙。

平时多晒太阳，多补充维生素D和钙片。宝宝缺乏维生素D时，体内钙、磷代谢紊乱，骨骼缺钙时，会导致肌肉酸痛和自主神经紊乱，出现多汗、夜惊、烦躁不安和夜间磨牙。如果发现宝宝睡觉时经常将一侧头偏向一边，要帮助他调整，不要给宝宝把被子盖得太上，以免宝宝蒙头睡。宝宝蒙头睡觉时，缺氧也会引起磨牙。

贴心小贴士

有的宝宝平时并不磨牙，但会偶尔磨牙，这可能是精神紧张所致，爸爸妈妈要注意临睡前不要让宝宝过于兴奋或刺激，也不要让家庭气氛过于紧张。

12个月宝宝的早教

语言能力训练——陪孩子看动画片

通过动画片可以进行学习，但关键是父母怎样利用动画片，动画片以视觉和运动模式为主导，语言是辅助模式，想提高语言能力，父母可以加入一些语言，如让宝宝描述猫、老鼠，让孩子在看的过程中翻译所看到的，甚至可以放一段后停下来问宝宝刚才看到了什么，这个过程可以帮助宝宝总结，形成良好的语言习惯。

育儿指导

在看动画片的时候，大人应该拥有操控权，动画片可以看，但看的量父母要有控制，如果规定一天看半个小时或一个小时就一定要遵守。有的父母会把放动画片的时间挑在大人最忙的时候，这是可以的，但不能次次如此，否则孩子可能看得过久，动画片看多的孩子，将来可能会有阅读障碍，不喜欢读书，看了文字就反感。

推荐给宝宝看的动画片：

《天线宝宝》

《迪士尼英语》

《大熊比尔蓝色的家》

《小小爱因斯坦》

《鼹鼠的故事》

《蓝猫淘气三千问》

精细动作能力训练——涂鸦

1岁左右的宝宝，就已经开始喜欢涂鸦了。

涂鸦对宝宝手、眼、脑的协调配合，增强脑、眼对手的指挥能力，有着巨大的促进作用。这种作用，是其他活动所不能替代的。从涂鸦期开始的绘画活动，有助于宝宝小肌肉发展、认知能力与创造力的增进，在幼儿的心智发展上有着重要的指导性意义。涂鸦是宝宝与生俱来的才情。

育儿指导

妈妈可以给宝宝一根粉笔，让宝宝在小黑板上，或地板上随意地画。也可给宝宝一张纸，各种不同颜色、类型的画笔，让宝宝随时将生活体验、感受与情绪，通过画笔表现出来。

面对宝宝的涂鸦活动，不管他涂得如何，父母都不要过早地教给宝宝绘画的规则，想象力比绘画技巧重要得多。如果父母总是试图给宝宝的涂鸦活动给予指导，试图灌输给宝宝所谓的美感及对色彩与空间的认知，就会扼杀宝宝天生的直觉与创意。

大动作能力训练——训练宝宝跳跃

跳跃不仅能增强宝宝的体格，还能使宝宝的性格变得更活泼，喜欢表现自己，不怕生，并且在学习舞蹈等身体语言时，他会学得很快、很协调。

育儿指导

训练宝宝跳跃的方法如下：

妈妈坐在椅子上，双手托住宝宝的腋下，让宝宝在妈妈的双腿上跳。妈妈双手的辅助力量应由大变小。

妈妈站在床边，让宝宝握住妈妈的食指；妈妈的拇指反抓住宝宝的手背，让宝宝在床上跳。宝宝起跳时，妈妈双手用力使宝宝跳离床面。妈妈用力时要和宝宝的跳保持一致，可以逐渐过渡到宝宝自己抓妈妈的手跳。宝宝每跳几次妈妈带着宝宝转一圈，然后把他放在床上。力量强的宝宝可以逐渐让他自己抓手跳转。

妈妈可以悬挂一个小球或宝宝喜欢的其他玩具，在宝宝稍微抬脚就可以够着的位置逗引他，然后扶住宝宝鼓励他双脚向上跳着去够小球或玩具，够着后让他玩一会儿。随着宝宝蹦跳能力的提高，可以逐渐增加游戏的难度，把玩具拿得再高一些让他去够取。

写给妈妈的贴心话

用兴趣提高宝宝的记忆

12个月的宝宝有了明显的记忆力，能认识自己的玩具、衣物，指出自己身体的器官如头、眼、鼻或口，还能找到成人说的东西，如妈妈问“电视在哪里？”宝宝会用目光寻找和用手指，这就说明他有了记忆能力。

这时期宝宝的记忆保持时间很短，只有几天，时间一长不强化的话就会忘记。记忆还是不随意的，也就是无意识的，他们只对一些形象具体、鲜明，有兴趣的东西容易记住，记忆还很不准确。

育儿指导

记忆和兴趣有很大的关系，宝宝对有兴趣的事物就容易记住，没有兴趣的事物他会视而不见，因此妈妈在培养宝宝的记忆力时，要根据宝宝的年龄、心理特点，给他提供感兴趣的东西，通过语言、玩具、画册等形式让宝宝记住一些东西，再通过多次的重复来增强宝宝的记忆力。

例如，以游戏的方式记忆某些事物，是发展宝宝记忆力的重要方法。家庭中，妈妈可以自编很多亲子游戏活动，在轻松快乐的亲子同乐中锻炼宝宝的记忆力。比如，用实物或图片让宝宝看一看、想一想“什么东西没有了？”“哪一种变多了？”等。

培养宝宝爱他人

可以说现在的家长给予宝宝的爱太多太多，千般呵护，万般疼爱，如果父母只是机械地单向地去爱宝宝，而从不教宝宝如何爱他人，会让宝宝以为爱只是索取，不利于宝宝以后的交往和人格健全。

父母应该给宝宝更多的爱、更多的关注、更大的发展空间，让他们充分发挥自己的个性，在提倡这些的同时，更应注意在生活的一点一滴中培养宝宝去爱他周围的人。交往是双方的、相互的，培养宝宝对别人的爱心，也是发展其良好内省智能的重要方面。

育儿指导

从父母和周围的亲人开始，比如平常可以让宝宝用小嘴亲亲爸爸妈妈或爷爷奶奶及其他人的脸，用小手摸摸人家的脸、搂搂人家的脖子等。

还要培养宝宝分辨别人的情绪，要学会安慰别人。

当宝宝再大点儿时，一定要鼓励他把好吃的、好喝的留给别人一些，尤其是可以引导宝宝在他吃东西时，把东西拿给别人一点儿。

宝宝小的时候，妈妈可以帮助他们养一些小动物，平时鼓励宝宝给动物喂喂食。在宝宝给小动物喂食的活动中，会有一种被接受、被陪伴的感觉，这样就会使宝宝获得心灵慰藉，从而培养他们的爱心。

正确批评宝宝

当宝宝能走的时候，一天内被妈妈批评上好几次简直是家常便饭。其实，不管宝宝有多淘气，一天犯多少错误，每天批评的次数都不要超过两次。批评宝宝也是有学问的，需要父母领会并掌握的。过多的批评、呵斥可能会影响宝宝幼小的自信心，使宝宝变得胆小怕事。

失败是成功之母，失败可以积累经验教训。很多家长在宝宝犯错误时，总是大加谴责、恐吓，却往往不明白犯错误时是最好的学习机会。家长们的批评是想阻止宝宝再犯同样的错误，但大声谴责、恐吓则会事与愿违。宝宝们会因害怕受责备而不敢冒险，失去学习新技巧的勇气和胆量；或会让他们产生反叛心理。有时，过于频繁的责备会让宝宝变得更加“皮”了，对批评充耳不闻，已成习惯了。

育儿指导

妈妈批评宝宝，不妨每天最多说个一两次，不要逢事就说，每个人都会犯错误，宝宝可能马上就能自己明白，不说也罢。对于宝宝犯的一些较重大的错误，父母批评时要注意声音不要过大，让他们不自在，进而反省自己；其次趁热打铁批评效果更佳，宝宝对时间观念不强，加上好玩等特性，刚犯的错误很容易抛在脑后，达不到父母批评想要的效果。

Part 13 13~15个月宝宝

出生第2年起，宝宝体格生长开始明显较前一年减缓，体重平均每月增长200克左右，身长每月平均增长约1厘米。相对于身高来说，体重增长更为缓慢，在未来的几个月里，体重才增加几两，甚至没有增长。

满1岁时，宝宝可能已经出了6～9颗乳牙了，到1岁半时，大多数宝宝可能萌出了10颗左右牙齿，有的宝宝甚至已经萌出12～16颗乳牙，但也有的宝宝出牙比别的宝宝少一些，晚一些，要知道，像身高、体重、囟门一样，牙齿萌出也有个体差异，一般女宝宝比男宝宝牙齿发育早，出生体重重的宝宝出牙要早些。

身体发育标准

身高·体重

		女宝宝（平均值）	男宝宝（平均值）
15个月	身高	79.9厘米	80.7厘米
	体重	10.42千克	10.84千克

13～15个月宝宝的喂养

每天500～600毫升配方奶或牛奶

宝宝需要一直喝乳制品，如果是在1岁前断母乳，应当喝配方奶粉，以每天500～600毫升配方奶为宜，可以早、晚各250～300毫升；1岁以后的宝宝可以给他喝牛奶，每天500毫升左右的量即可。

如果宝宝不喜欢喝配方奶或牛奶，妈妈要想办法让宝宝喜欢。方法有很多，但具体到某一个宝宝，可能别人的方法都不灵，最终妈妈找到了自己的方法，或有一天，妈妈没有再费劲，宝宝突然喜欢上喝牛奶了。总之，没有最好的方法，适合你的宝宝的方法就是最好的。如果你的宝宝不喜欢喝配方奶或牛奶，不妨试一试下面的方法：

在牛奶中加入宝宝喜欢吃的食物，如喜欢吃的米粉、蛋黄、奶伴侣等。

不逆着宝宝的兴致来，当宝宝对喝奶表示厌烦时，妈妈切不可和宝宝较劲，不喝奶就不给其他食物，这样不但影响宝宝营养摄入，还会让宝宝产生焦躁情绪，更加厌烦牛奶。

宝宝断奶后如何保持营养

断奶后，要保证宝宝饮食的全面均衡。一般主食可以吃粥、软饭、面条、馒头、包子、饺子、馄饨等。副食可以吃新鲜蔬果（特别是橙、绿色蔬菜）、鱼、肉、蛋、动物内脏及豆制品，还应经常吃一些海带、紫菜等海产品。总之，完全断奶后，宝宝每日的饮食中应包含糖类、脂肪、蛋白质、维生素、无机盐和水这六大营养素，避免饮食单一化，多种食物合理搭配才能满足宝宝生长发育的需要。和平时一样，白天除了给宝宝喝奶外，可以给宝宝喝少量1：1稀释鲜果汁和白开水。过了1岁，宝宝每天的饮水量就应在500毫升以上。在特殊环境下，如出汗、腹泻、呕吐等，要相应增加，以补充生理盐水为宜。

贴心小贴士

刚断母乳的宝宝在味觉上还不能适应刺激性的食品，其消化道对刺激性强的食物也很难适应，因此，不宜给宝宝吃辛辣食物。

宝宝喝酸奶好处多

酸奶是很好的幼儿食品，适合各种年龄幼儿当主食或辅食饮用。酸奶中丰富的营养成分可促进幼儿、学龄期儿童发育，对于喝牛奶会拉肚子的乳糖不耐症，具有缓和作用。

酸奶必须新鲜食用，否则发酵过度杂菌甚至致病菌会超标；在购买酸奶时要注意外包装上的标识，标识上蛋白质含量应"≥2.3%"，否则为乳酸类饮料，而不是真正的酸奶，饮用后对幼儿健康不利。

喂宝宝喝酸奶的时间应该选在吃完辅食后2小时左右。空腹饮用酸奶的时候，乳酸菌容易被杀死，酸奶的保健作用减弱，饭后胃液被稀释，所以饭后2小时左右饮用酸奶为佳。而且，一次不宜让宝宝饮用过多的酸奶，以每次150~200毫升为宜。饮用后要及时漱口，防止宝宝发生龋齿。

贴心小贴士

市场上有很多由牛奶、奶粉、糖、乳酸、柠檬酸、苹果酸、香料和防腐剂加工配制而成的"乳酸奶"不具备酸奶的保健作用，购买时要仔细识别。

给宝宝做营养早餐的原则

宝宝的早餐应该营养又丰富，奶制品为主要饮品，然后添加些粥、面饼、蔬菜、水果等，吃饱的同时还要吃好。

宝宝的早餐应该由三部分组成，蛋白质、脂肪和碳水化合物。例如，早餐光喝牛奶、吃鸡蛋是不够的，有脂肪和蛋白质，但缺少碳水化合物，也就是提供热量的淀粉类食品，如果再加点面包或是粥营养会更全面；油条加豆浆的早餐缺少蛋白质，最好是加上一个鸡蛋。

贴心小贴士

只要妈妈掌握了营养早餐原则，每天早上花不到30分钟的时间就能给宝宝做出营养又美味的早餐。但是不能为了快速就随意应付了事哦，要用心做，并每天换不一样的食物。

13～15个月宝宝的护理

宝宝晚上不肯睡觉怎么办

如果认为宝宝1岁多了，晚上的入睡也相对容易了，那可就错了。这个时期的宝宝越发喜欢对妈妈撒娇。可以说，这个时期的宝宝几乎没有在妈妈给他换上睡衣、盖上被子就安安静静入睡的。他们普遍会闹着要妈妈陪在身边睡，或吮吸妈妈的乳头，或摸着妈妈的头发、耳朵等才能入睡。这是因为在宝宝的内心深处，仍然有一种对妈妈割舍不断的依恋。这种依恋常表现为把妈妈拉到自己的身边。作为妈妈如果拒绝宝宝的这种依恋，强行要求宝宝自己去睡。宝宝不但不会听话，还会产生仇恨心理，导致宝宝性格上的叛逆与霸道，这对宝宝的生长发育是不利的。

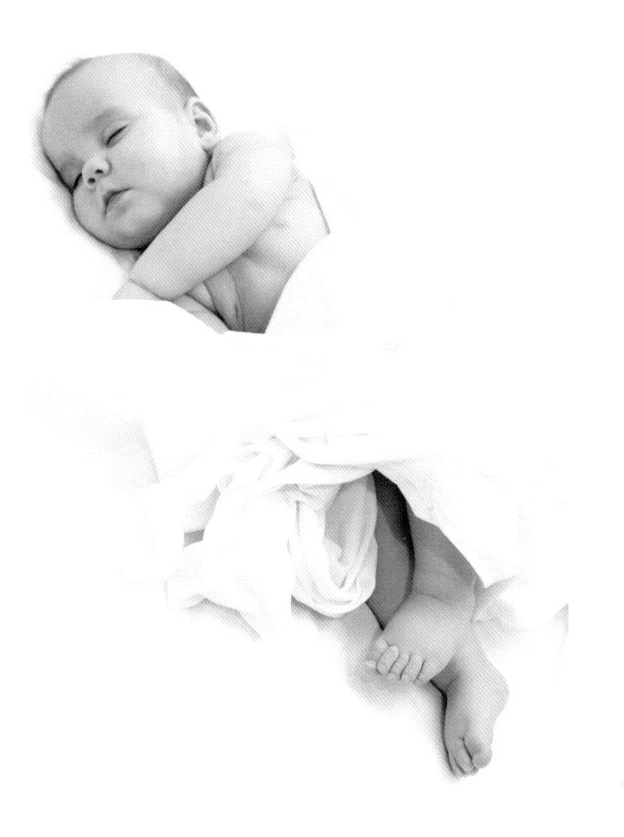

要让宝宝养成午睡的习惯

到了1岁以后，宝宝白天还需睡一次午觉。因为宝宝活动了一个上午，已经非常疲劳，在午后舒舒服服地睡一觉，使脑细胞得到适当休息，可以精力充沛、积极愉快地进行下午的活动。午睡对于1～3岁的宝宝来说是必不可少的。

如果宝宝每天早上睡懒觉，到了午后还不觉疲劳，自然不肯午睡。父母要注意调整宝宝的睡眠时间，早上按时起床，上午安排一定的活动量，宝宝有疲劳感就容易入睡了。

妈妈应在固定的时间安排宝宝午睡，节假日带宝宝上公园或到亲戚朋友家做客，也不要取消午睡。当然，妈妈不可用不正确的方法强制宝宝午睡，那样会使宝宝产生反感，而应该是耐心地加以提醒：“该午睡了，睡醒再玩。”

如果家里环境不够安静也会影响宝宝的午睡，这就要求妈妈能为宝宝创设一个安静的空气新鲜的睡眠环境，做到在宝宝午睡时不高声谈话或发出较大的响声，适当开窗，拉好窗帘。

刚开始培养宝宝睡午觉的习惯时，妈妈应陪宝宝一起午睡，这样宝宝就会认为午睡是每个人每天必做的事情，会比较容易接受。

宝宝经常尿床正常吗

1~2岁宝宝夜间尿床是正常的生理现象，为减少夜间尿床的次数，使宝宝2~3岁以后不再尿床，可采用一些办法预防宝宝尿床。

避免过度疲劳

过度疲劳会导致宝宝夜间睡得太熟，夜间睡眠太熟的宝宝，白天一定要睡2~3小时，睡前不宜过于兴奋，必须小便后再上床睡觉。

晚餐不要太咸，餐后要控制汤水

晚餐不要吃得太咸，否则宝宝会不断想喝水，水喝多了势必会造成夜尿多；晚餐要少喝汤，入睡前一小时不要让宝宝喝水；上床前要让宝宝排尽大小便，以减少入睡后尿量。

夜间把尿

夜间要根据宝宝的排便规律及时把尿，把尿时要叫醒宝宝，在其头脑清醒的状况下进行。随着宝宝年龄增长，应培养宝宝夜间能自己叫妈妈把尿的能力，夜间小便的次数，也可逐渐减少或不尿。一般到1~2岁时，一般宝宝隔3小时左右需排一次尿，每晚把尿2~3次即可。

训练宝宝控制排便

白天要训练宝宝有意控制排便的能力，如当宝宝要小便时，可酌情让其主动等几秒钟再小便等。教宝宝排便时自己拉下裤子，也可培养其有意控制排便时间的能力。

贴心小贴士

夜间排尿时，一定等宝宝清醒后再要求宝宝排尿，很多5~6岁甚至更大些的宝宝尿床，都是由于幼儿时夜间经常在朦胧状态下排尿而形成的习惯。

宝宝爱抢别人的玩具怎么办

作为父母，首先要接受宝宝的这种无意识的自私行为，要站在他的角度去理解他。他为什么要抢？因为妈妈没有教导他正确的索取方式，他也并不知道那个东西在商场可以买到，他更不知道到商场买需要钱，钱需要付出很多劳动才可以得到，如果这些他都知道的话，他是绝对不会抢的。理解之后，再心平气和地给予宝宝一些必要的指导。宝宝分清你、我、他之后，独占习惯和行为就会慢慢改善。

如果宝宝抢他人玩具而没有成功时，他可能会大哭，这时，妈妈只能表示同情，安静地注视他，让他哭吧。他哭着哭着常常会忘记自己为什么感到痛苦，你还得提醒他"这是××的，你确实得经过他同意才能要"，慢慢地宝宝的物权观念就建立起来了。当然他有权不让小朋友玩自己的玩具，你不要强求他，否则他会对物权没有安全感，而延迟分享进程。

贴心小贴士

妈妈不可因为宝宝抢别人的玩具就马上给宝宝买一个一模一样的，长此以往，会使宝宝产生虚荣心与好胜心，产生别人有的自己都要有的心理。

宝宝喜欢打人怎么办

宝宝喜欢打人是常见事了，因为在这个阶段，他的语言能力还没有跟上行为能力的发展，对于情绪，他只能用最直接的行动来表达。然而，有的宝宝却明显地偏爱这种"暴力"行为，对于这种情况，妈妈要学会正确的处理方法。

立即制止打人行为

很多宝宝一而再，再而三地打人，以致发展到"屡禁不止"，往往是因为刚开始的几次"尝试"没有得到立即有效的制止。宝宝如同一张白纸，无意间写上"暴力"两个字，如果没有及时擦掉，就会越描越深、越画越重，无心之过反而成为一种恶习。

进行"冷处理"

我们当然不会选择以暴制暴的下下策，那样只会树立一个坏榜样。有时，没有行动也是一种行动——"冷处理"的效果比简单地呵斥、打骂好。所谓"冷处理"，就是作为"惩罚"，在一段时间内全家人都不跟他说话，用肢体语言告诉他，刚才的表现让他不受大家欢迎了。

贴心小贴士

第一次发现宝宝出现打人行为时，大人往往觉得十分有趣，从而会大声哄笑，甚至认为这是宝宝智力发育的表现，而鼓励宝宝再来一个。殊不知，大人的这种反应就会给宝宝一种误导，会觉得这种行为是好的、是值得常做的，无形中强化了宝宝的攻击行为。

13～15个月宝宝的早教

语言能力训练——教宝宝说重叠语

1岁多的宝宝，因掌握的词汇量很有限，常常会说出一连串大人听不懂的话，这正说明宝宝在表达思维和想法之前，思想早就产生。

因此，当宝宝说出难懂的话时，父母要耐心地倾听，注意分析他所讲的话，尽可能及时做出反应，而不是不理不睬或随便应付两句了事。平时要常与宝宝交谈，教他使用正确的语言。随着宝宝词汇量的增加，基本能用语言表达自己的所需，就不会再说难懂的话了。

这个时候，妈妈可教宝宝说重叠语，如“宝宝、乖乖、妈妈、抱抱、爷爷、奶奶、哥哥、姐姐”等。宝宝的语言进入单词句期，即一个一个词地蹦出来，父母应尽可能扩大宝宝的词汇量，为即将到来的语言爆发期提前做准备。

另外，跟宝宝说话时，尽量多用名词而不使用代名词，例如，“我很累了”应说成“妈妈(或爸爸)很累了”；“你很乖”应说成“宝宝很乖”；“它在这里”应说成“小兔子在这里”等。

精细动作能力训练——让宝宝自己动手吃饭、喝水

1周岁的宝宝，随着两手动作能力的发展和对周围事物的兴趣不断增加，渐渐不满足于别人喂食，而愿意自己动手吃东西了。妈妈对于宝宝的这种要求和尝试，应该抱着支持的态度，耐心地帮助宝宝使用小勺、小碗自己吃辅食，自己拿着奶瓶喝奶。这对于培养宝宝的自食习惯，锻炼手的能力都有好处。

育儿指导

宝宝开始自己吃饭时，由于动作不准确，技巧不熟练，难免会漏撒食物，弄脏环境和手脸，妈妈绝不能因此而制止宝宝自己吃饭的要求。要鼓励宝宝，给他不易打碎的餐具，戴上围嘴等。当宝宝吃饱后，仍用勺玩饭菜时，要及时将饭菜拿走。

此外，妈妈还要教宝宝倒水。妈妈可以给宝宝准备一把小茶壶，提前在里面装上宝宝要喝的水，把它放在宝宝方便拿的地方。宝宝玩累了、渴了，需要做的就是提醒宝宝自己去倒水喝。刚开始时，可以适当地帮助宝宝，以后就放手让宝宝自己来吧，别怕宝宝把水洒得到处都是。

社会交往能力训练——教宝宝叫出家人的名字

1岁多一点的宝宝已经可以说出2~3个字的句子，他不但可以听懂大人的命令，还能够知道自己的名字。在这个时期，你如果要对他发出什么指令，不妨多用他的名字去称呼他，而不要用“乖乖”“宝宝”一类的亲昵的称呼去代表他。在他说出自己名字前必须要让他先知道自己的名字，你才能教宝宝准确地说出自己的大名(包括姓的学名，不仅仅是乳名)。

育儿指导

慢慢地宝宝已经能说出自己的名字了。接着，可以教宝宝说出妈妈、爸爸的名字。“妈妈叫什么名字”？“爸爸叫什么名字”？在这种一问一答反复练习的对话中，鼓励宝宝区别这些名字。进一步教宝宝学说家庭中其他成员的名字。你可以通过：“佳欣（宝宝名字）把糖拿给琪琪（小朋友的名字）”，“佳欣把球送给吴思思（小朋友的名字）”等帮助他反复练习。他说对了，要及时地亲吻他、抱抱他、夸奖他。不要忘记，宝宝时时刻刻在期待着大人的认可和赞扬。

宝宝知道爸爸的名字和妈妈的名字，但是一般情况下，要让宝宝称呼自己的父母为“爸爸”和“妈妈”，不可以直呼父母的名字。

写给妈妈的贴心话

宝宝有了自己的主意

这个时候，宝宝不想吃的东西，妈妈很难再按照自己的想法喂给宝宝。宝宝不喜欢的东西，会毫不犹豫地扔在地上。妈妈越是不让宝宝动什么，宝宝越是要拿。1岁后的宝宝，开始逐渐有了独立的思想和意愿，如果父母没有学会尊重宝宝，宝宝就会反抗。或许你会认为宝宝开始变得调皮了、不乖了、不好带了，其实不是宝宝不乖了，而是宝宝在认识、情感、心理上更进了一步。

育儿指导

这么大的宝宝有一个显著的特点，就是你越不让他干的事情，他越要干。对于危险的事情，在他没干以前，你若给予提醒，就相当于告诉他去做。所以，当宝宝想动什么，而妈妈不想他动时，不要用很夸张的表情和语气去制止，可以很平静地拿走那件东西，并转移宝宝的注意力。

宝宝越来越喜欢模仿

宝宝自出生后，就喜欢观察和模仿周围的人了。如果他被允许去做“大人”的事情时会非常高兴。例如，大部分宝宝都喜欢抱着娃娃，给娃娃穿衣服，喂娃娃“吃饭”等。大人看见宝宝出现这样的行为时，无须制止，这并非什么不好的行为，妈妈甚至还可以跟宝宝一起玩，教宝宝如何给娃娃穿衣服、喂饭等，这对宝宝各方面发展都是有利的。

育儿指导

父母平时要用自己的言行为宝宝树立起一个可供他模仿的正确榜样。在日常生活中，遇到好的行为跟宝宝说这是好的，让宝宝有正确的是非观。对宝宝好的模仿行为加以支持，并给予表扬和奖励，使之强化。如果宝宝已经出现了不良模仿行为，不要打骂他，应该用其他方法加以纠正。另外，并非都要宝宝来模仿我们大人，当宝宝做得正确的时候，不妨我们也来模仿一下宝宝，这样可以使宝宝树立自信心，同时让宝宝学会在平等的基础上与人交往。

给宝宝充分的自主权

有些家长在宝宝玩的方面，特别是在兴趣发展方面，宝宝喜欢学的，他不让学，而他想让宝宝学的，宝宝又不喜欢，严重时，便和宝宝发生冲突，有时还很尖锐。其实，这里错在做父母的，因为父母常常把自己的希望和爱好强加给宝宝。但是宝宝有自己的精神世界，有自己的兴趣爱好，对父母为他们做出的选择往往并不满意，并不领情，从消极对抗发展到公开对抗。

育儿指导

玩，是从婴儿到老人都喜欢的活动，是人的天性。妈妈不仅要允许宝宝玩，更应该和宝宝一起玩，不管宝宝有多大，也不管你有多大。玩能成为父母与宝宝沟通的最有效的途径。玩的时候是对宝宝进行教育的最好的时机，玩也是父母实施教育的最佳载体；玩是宝宝学习成长最喜爱的方法。宝宝喜欢你的时候，就是你把自己也当宝宝的时候。

如果宝宝在玩中发现了自己的兴趣所在，而这个兴趣又是积极的、健康的，妈妈就应该支持宝宝，创造条件，让宝宝在玩中增长智慧和才干。

教宝宝接受别人的批评

和许多成年人一样，宝宝往往也喜欢听表扬而反感批评。而家长和教师普遍认为，那些在孩提时代难以接受批评的宝宝，长大后，也大多会对批评持“敬而远之”，或干脆“拒之门外”等消极态度。由此，他们由此认定，从小就学会接受批评无论对一个人的完整人格的塑造，还是对促成其事业的成功，都具有积极的意义。

育儿指导

家长教育宝宝，当然应该坚持表扬为主，但不妨在宝宝牙牙学语或学步时，就有意识地让他既听到“正面”的肯定，也听到“反面”的批评。此时的批评一定要语气温和，分析中肯，且以更多的表扬为“前提”。如，“宝宝说‘喝水’很清楚，但说‘吃饭’妈妈还听不懂——来，跟妈妈再多练习几遍”；“宝宝昨天学走路一点也不怕累，怎么今天就怕累了？”

这样有意识地早早“引进”批评可以帮助尚未踏上社会的宝宝体会到批评和表扬同样常见。事实上，在幼儿期就能适应批评的宝宝，长大后往往也较能适应社会，包括拥有正确对待来自他人的批评乃至非议的“平和”的心态，以及较强的承受挫折的能力。

Part 14 16~18个月宝宝

一个特别明显的变化是：宝宝的胸围开始超过头围，宝宝像个大头娃娃的时代正在结束，进入幼儿期后，宝宝头围变化已经很小了，在体格检查中，如果从外观上未发现异常，医生已经不再把测量头围作为必查项目了。

在一岁半以前，多数宝宝的囟门将关闭，不过这并不一定，也有的宝宝早在1岁就闭合了，还有的宝宝直到2岁才闭合。

身体发育标准

身高·体重

		女宝宝（平均值）	男宝宝（平均值）
18个月	身高	82.5厘米	83.5厘米
	体重	11.01千克	11.55千克

给萌出的乳牙排排队

萌牙顺序	牙齿名称	萌牙时间	萌牙总数
1	下中切牙	4~10个月	2
2	上中切牙	4~10个月	2
3	上侧切牙	4~14个月	2
4	下侧切牙	6~14个月	2
5	下第一乳磨牙	10~17个月	4
6	上第一乳磨牙	16~24个月	4
7	下尖牙	20~30个月	4

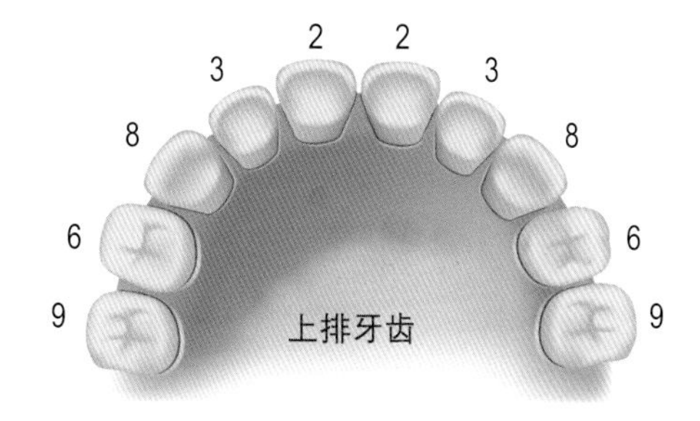

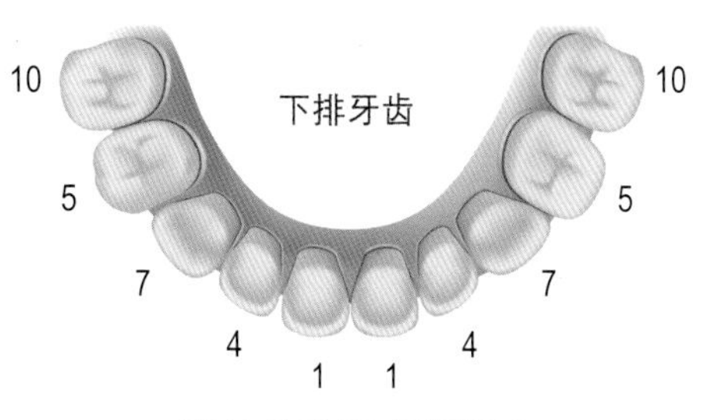

婴幼儿乳牙出牙顺序

16～18个月宝宝的喂养

2岁以前能与大人吃一样的饭菜吗

很多宝宝喜欢和大人一起吃饭，也喜欢吃大人的饭菜。这是因为大人饭菜口味重，对小宝宝味觉冲击比较大。其中最大的一个问题就是盐的用量。大人的饭菜不仅放盐较多，还放有其他调味料，如酱油、味精、辣椒等，都是不适合婴幼儿食用的。此外，大人的饭菜一般比较粗糙，即使土豆丝切得再细，黄瓜片切得再薄，对宝宝来说也还是比较大块的。

能和大人一起进餐是很好的，这不但满足了宝宝的喜好，也可以节省父母的时间，但2岁之前宝宝的饭菜要单独做。另外，即使到宝宝2岁以后，父母要想让宝宝和大人吃一样的饭菜，也需改变一下烹调方式，尽量将饭菜做得清淡一些、细软一些。

贴心小贴士

虽然不建议2岁前的宝宝和大人一起吃正餐，但要求宝宝和大人坐在一起吃饭，这样可以养成宝宝定时、定点、定量吃饭的好习惯。

宝宝吃肉需要注意什么

肉类脂肪多，胆固醇高，不要让宝宝吃太多，否则对身体不利，特别是已经有点胖的宝宝。对幼儿来说，每天有50克无骨鱼或者瘦肉，就足以满足营养需要。

肉类食物一定要吃新鲜的，不要把宝宝吃剩下的肉放入冰箱冷冻后，下次再拿出来给宝宝吃，这样对宝宝肠胃不好。给宝宝做肉类食物时一次不要做太多，剩下的可以大人吃掉。

肉类食物一定要完全煮熟给宝宝吃，以免食入细菌。给宝宝吃鱼肉时要注意将鱼刺剔除干净，或尽量做一些鱼刺较少、较大、容易剔刺的鱼给宝宝吃，如罗非鱼、银鱼、鳕鱼、青鱼、黄花鱼、比目鱼等。

给宝宝做鸡肉时要注意，为了保持鸡肉低脂肪的优点，最好将鸡肉去皮，并选择较为清爽的烹调方式。另外，鸡汤内所含的营养成分远低于鸡肉，不能因为宝宝喝了鸡汤便感觉营养足够。

宝宝吃什么鱼比较好

鱼类的选择

具体到淡水鱼好，还是海水鱼好，应该说各有利弊。海水鱼中的DHA(俗称“脑黄金”)含量高，对提高记忆力和思考能力非常重要，但其油脂含量也较高，个别宝宝消化功能发育不全，容易引起腹泻等消化不良症状。淡水鱼油脂含量较少，精致蛋白质含量却较高，易于消化吸收。只不过，淡水鱼通常刺较细、小，难以剔除干净，容易卡着宝宝，一般情况下，1岁以上才适合吃。

带鱼、黄花鱼和三文鱼非常适合宝宝，鲈鱼、鳗鱼等也不错。

鱼肉的烹调方式

鱼肉对宝宝虽好，但还是需要讲究烹调方式。妈妈最好采用蒸、煮、炖等方式，不宜采用油炸、烤、煎等方法。另外，还可以将鱼做成鱼丸，这种吃法比较安全、清淡，而且味道鲜美，无论是哪种鱼都可以做。

具体方法：将鱼肉剁细，加蛋清、盐调成茸。锅内添水烧开，将鱼茸挤成丸子，逐个下锅内煮熟，再加入少许精盐、葱花即可。

给宝宝做鱼时可添加蔬菜作为配菜，既增加口感又均衡营养。炖鱼时，不妨搭配冬瓜、香菇、萝卜、豆腐等。但要注意，口味不应过咸，更不要添加辛辣刺激性调料，鸡精和味精也要少放。

怎样知道宝宝身高是否长得过慢

身高能否如意，取决于几个因素，首先是遗传因素，占70%，此外，取决于其他条件，包括运动、营养、环境和社会因素等。

宝宝出生后头3个月，平均每月长3.5厘米；出生后3～6个月，平均每月长2.0厘米；出生后6～12个月，平均每月长1.0～1.5厘米。宝宝出生第一年平均共长25厘米，第二年平均共长10厘米，第3年平均长8厘米。如果你的宝宝增长速度低于上述值的70%，那么可以判断为长得慢。

贴心小贴士

有的宝宝刚开始会长得慢些，只要妈妈给予的营养均衡，并经常进行户外运动，睡眠质量也较好，妈妈就不需要太担心，千万不可因为宝宝比同龄宝宝长得慢一些，就无限制地给宝宝吃大鱼大肉。营养过剩也是会抑制宝宝生长，使宝宝生长过慢的。

宝宝吃饭喜欢“含饭”怎么办

含饭现象往往发生在幼儿期，主要是父母没有使他们从小养成良好的进食习惯，又缺乏机会多训练咀嚼。父母要有耐心，通过采取有效措施是能矫正过来的。

有的宝宝喜欢含饭，可能是饭菜做得不可口，宝宝根本就不喜欢吃。所以，妈妈在做宝宝食物时，应使食物品种多样化，粗细粮搭配，荤素搭配，色、香、味、形俱全。不让宝宝吃过多的零食，宝宝平时吃太多零食就会影响正餐的进食量和进食态度。宝宝饮食应定时、定量，少吃或不吃零食，少吃甜食以及肥腻、油煎食品。

进餐时要保持轻松愉快且安全的气氛，如果环境过于吵闹会影响宝宝的正常进食，要么食欲不佳，要么边吃边玩，自然会养成将饭含在嘴里不咽下去的坏习惯。

改变饭菜的质地，适当地增加一点可以供宝宝咀嚼的硬度适宜的食物，如馒头、饼干、肉丸等，这样的食品不仅可以满足宝宝的品尝需要，可以使食物在口腔中多停一段时间，又可以锻炼宝宝的咀嚼能力，使宝宝的食欲得到提高。

利用宝宝的天生喜欢模仿的特质，父母可以在吃饭时故意多咀嚼给宝宝看，让宝宝跟着模仿，等到宝宝熟悉了咀嚼的感觉和味道，就会慢慢习惯自己咀嚼了。

贴心小贴士

如果宝宝实在不想吃，妈妈不要勉强，也不要让宝宝把饭含在嘴里。等到宝宝实在饿了，他就会吃了。

宝宝不宜多吃巧克力

过量吃巧克力有许多对宝宝不利的因素：

会诱发口臭和蛀牙，并使宝宝发胖。

吃巧克力后宝宝会有饱腹感而影响食欲，再好的饭菜他也吃不下去，打乱了良好的进餐习惯，直接影响了宝宝的营养摄入和身体健康。

巧克力是不含纤维素的精制食品，吃多了可致便秘。

巧克力中的草酸，会影响钙的吸收。

巧克力中的可可碱具有强心和兴奋大脑的作用，宝宝吃多后会哭、吵、多动和不肯睡觉。

由此可见，宝宝不宜多吃巧克力。

16～18个月宝宝的护理

宝宝囟门还没闭合有问题吗

正常情况下，宝宝头顶的囟门一般在12~18个月闭合，囟门的闭合是反映大脑发育情况的窗口，如果宝宝的囟门在6个月之前闭合，说明宝宝可能小头畸形或脑发育不全；在18个月后仍未闭合，可能是疾病所引起的，父母需重视，应该请医生帮宝宝仔细检查一下，以便找出病因及时治疗。

最常见的原因是维生素D缺乏引起的佝偻病（俗称软骨病）。单纯佝偻病引起的囟门迟闭，在治好佝偻病后不影响智力。若囟门迟闭是由于脑积水引起的话，智力会明显低下。脑积水除囟门大外，还会有大头、颅缝分离、头皮静脉曲张、双眼珠下沉和智力低下等表现。另外，患有甲状腺功能低下、侏儒症等疾病，前囟闭合也会延迟。

可以让宝宝睡懒觉吗

早上是锻炼身体的时候，可宝宝却赖在床上不肯起来，妈妈就让他睡吗？当然不行，养成习惯了，他会每天睡到“自然醒”的，生活规律就会被打乱，对宝宝成长发育不利，尤其对将来适应幼儿园和学校的生活十分不利。

如果宝宝到点了还没醒，妈妈可以将卧室的窗帘打开，还可以把窗户开一条缝，这样外面的新鲜空气和声音就会传到宝宝卧室里来，或许宝宝听到声音就会醒了。妈妈也可以在房间里走动或整理玩具，故意弄出一些响声。如果宝宝还是没醒，妈妈可以把手伸进宝宝被子里，先摸摸小脚丫说：“宝宝小脚丫醒了。”从下至上一直摸到宝宝的小脸蛋，这个时候再“困”的宝宝也会被你“吵”醒了。

有的父母自己晚上常常熬夜、早上不起，自然要求宝宝早睡早起也会理亏三分。如父母晚上实在需要加班工作，也应先哄宝宝入睡，然后再离开。如果实在做不到早起，最好和宝宝解释清楚，以免宝宝不服气。

宝宝比较瘦怎么办

宝宝看起来较瘦，体重偏低时，妈妈不必急着给宝宝吃各种消化药，或硬逼着宝宝吃这吃那。这样不但不能让宝宝胖起来；相反，还会因为妈妈过多干预宝宝在吃饭上的自主性而导致宝宝厌食。

妈妈可从以下几个方面寻找宝宝体重偏低的原因和解决方法：

豆芽形宝宝

人长得小巧玲珑，体重当然不会偏高。如果宝宝不属于小巧玲珑的那种，而是豆芽形，个头不小，但偏瘦，就多给宝宝吃些容易长肉的食物：高热量、高糖、高脂肪的食物。但健壮起来后就要停止。

食量小的宝宝

每个人的食量都不尽相同，有的宝宝生来胃口就大，有的胃口特小，吃一点就饱，但放下碗筷后很快又饿了。这样的宝宝最适合少量多餐，多给宝宝吃一两顿。

活动量大的宝宝

宝宝什么问题都没有，就是不长肉。这是因为宝宝把吃进去的热量都用来运动消耗了，可给这样的宝宝做加餐。宝宝玩够了，休息一会儿，别管是不是吃饭时间，要先给宝宝吃些点心。如果带宝宝外出，别忘了带些食物。

脾胃弱的宝宝

有的宝宝脾胃一直比较弱，这往往有家庭倾向，吃多一点胃就不舒服。这种情况下可以给宝宝在医生的指导下吃点鸡内金、健脾素等中药，来调节宝宝的脾胃。

消化功能差的宝宝

宝宝吃饭没问题，就是消化不好，婴儿期大便有奶瓣，呈油脂状。将宝宝的大便放在一张白纸上，然后再把大便移走，白纸就像包过油炸食品一样，那就应该给宝宝吃一点酶类的助消化药了。

宝宝的肚子总是圆鼓鼓的正常吗

一般来说，小宝宝的肚子看起来是鼓鼓胀胀的，那是因为宝宝的腹壁肌肉尚未发育成熟，却要容纳和成人同样多的内脏器官；特别是宝宝处于立位时，腹部会显得突出下垂。此外，宝宝的身体前后是呈圆形的，这也是让肚子看起来鼓胀的原因之一。

另一个造成宝宝腹胀的常见因素，是宝宝比大人更容易胀气，比如宝宝进食、吸吮太急促；奶瓶的奶嘴孔大小不适当；宝宝过度哭闹；食物在消化道内通过肠内菌和其他消化酶作用而发酵产生大量的气体均可引起胀气。在这种情况下如果宝宝能吃、能拉、没有呕吐的现象、肚子摸起来软软的、活动力良好、排气正常、体重正常增加，这一类腹胀大多属于功能性腹胀，无须特别治疗。

应特别注意的情况

腹胀合并呕吐、食欲不振、体重减轻、肛门排便排气不畅，甚至有发烧、解血便的情形。

肚子有压痛感。

肚子鼓胀有绷紧感。

合并呼吸急促。

在腹部能摸到类似肿块的东西。

上述情况，极有可能是病理性因素造成的，比如肠套叠，尤其是寒冷季节，宝宝肠子尚未完全固定，活动量大，在寒冷的刺激下容易诱发；此外还有可能是先天性巨结肠症、肠闭锁、腹部肿瘤、腹部实质器官(例如：肝、脾、肾)肿大、腹水、泌尿系统出问题等。若没有足够的把握判断腹胀性质，应该定期给宝宝进行健康检查。

宝宝长倒睫毛如何处理

小儿长倒睫毛非常常见。由于婴幼儿脸庞短胖，鼻梁骨尚没发育，眼睑(俗称眼皮)脂肪较多，睑缘较厚，容易使睫毛向内倒卷，造成倒睫。一般的小儿长倒睫毛是无害的。随着宝宝年龄的增大，脸型的变长，鼻骨的发育，多数的倒睫是可以恢复正位的。父母们不必为此太过担忧。但是如果倒睫毛刺激眼球很难受，甚至导致结膜充血、发炎等情况时可以前往医院进行治疗。

宝宝倒睫切忌自行拔除或剪去，因为拔除睫毛不当往往会损伤毛囊和睑缘皮肤，造成睫毛乱生倒长和睑内翻，而经剪切的睫毛会越长越粗。如果发现宝宝的倒睫毛确实影响到了生活和健康，要前往医院让专科医生来进行治疗,倒睫毛的问题并不严重，一般前往正规医院眼科即可。如果父母不放心，或者有另外的眼部问题想要咨询，可以选择较为知名的小儿眼科咨询就诊。

经常按摩宝宝的下眼睑，这对促进康复有一定好处，必须坚持下去。经常点一些抗菌素眼药水或眼膏（用药需遵医嘱），可减少睫毛的刺激，起到防止感染和保护眼球的作用。

贴心小贴士

宝宝喜欢揉眼，往往会使倒睫毛加重，父母要尽量制止。

宝宝喜欢捡脏东西吃怎么办

日常生活中难免会有食物掉到地上的情况，这时父母应该对宝宝说：“哟，东西脏了，我们需要洗一下。”并立即去清洗；或者告诉宝宝食物已经脏了，不能要了，并立即将地上的脏东西打扫到垃圾桶里。千万不要因为害怕浪费食物而将其捡起直接放入自己嘴中。

另外，宝宝吃不能吃的东西的一个重要原因是宝宝不了解哪些东西不能吃，为什么不能吃。因此，妈妈应以宝宝可以理解的方式，让宝宝了解脏的和变质的东西对他们的危害，并借此丰富宝宝的经验，让他们对自己周围的环境更多一些了解，他们以后自然会知道哪些东西是不能吃的。如让宝宝比较一下，干净的食物和被污染的食物，哪个能吃哪个不能吃；杯子里面干净的水和不干净的水，哪个能喝哪个不能喝，经过一番引导，大多数宝宝能够明白有些食物不能吃的道理。

宝宝喜欢要别人的东西怎么办

俗话说“别人家的饭菜香”，为什么宝宝会总是爱要别人家的食物呢？宝宝常常要别人的东西，尤其是吃的东西，弄得妈妈很难堪。其实，宝宝要别人的东西是一种很普遍的现象。这主要是宝宝缺乏知识经验而好奇心又特别强所致，随着宝宝年龄的增长和知识范围的扩大，这种现象就消失了。

虽然说宝宝要别人的东西属正常现象，但妈妈绝不能因此而放任自流，等待宝宝的自然过渡和消失，而是要采取正确的态度和处理办法。

备存一些必需的食品

现实生活中，有些家庭一味强调不给宝宝吃零食，在这方面限制过严，增加了别人家的食品对宝宝的诱惑力，致使宝宝“眼馋”“嘴馋”，形成不良习惯。同时，家人要把握住分寸，不能用零食代替主食，不能有求必应，无原则地迁就宝宝。

平时注意给宝宝讲道理

逐步让宝宝懂得这是“自己”的，那是“别人”的。自己的东西可以自己支配，别人的东西不能随便要、随便吃。即使在对方盛情难却的情况下，宝宝也要征得家人的同意，才能接受别人的食物。

出门前要先备好一些食物带在身边

如果宝宝讨要别人的东西吃，可以拿出准备好的食物说：“妈妈这儿有，宝宝不要别人的。”以此满足宝宝的需要。

如果宝宝看到别人吃东西，自己非要不可，妈妈可以跟宝宝说，带宝宝回家里拿或去超市买，然后带宝宝离开，以转移宝宝注意力。

16～18个月宝宝的早教

语言能力训练——经常给宝宝讲故事

这个年龄阶段的宝宝已经表现出喜欢听大人讲故事，不过，宝宝注意力仅能保持很短的时间，很容易受外界环境的干扰，宝宝的兴趣常随着眼前的需要而发生转移。所以，父母不要因此就断定宝宝不喜欢听故事，而失去讲故事的耐心。

尽管宝宝听不懂你所讲的故事所要表达的意识，但无形中能给宝宝带来很多收获，比如，语言表达能力、记忆力、理解力等，还能增强亲子间的感情，所以，哪怕宝宝一句也听不懂，父母也要经常有耐心地给宝宝讲故事。只要学会一些技巧，宝宝会越来越喜欢听故事，也会越来越关注故事的内容，从而发展宝宝的思维能力、想象力、创造力等。

育儿指导

在给宝宝讲故事的时候，妈妈不能单纯地讲，要拿着小动物玩具之类的“道具”或是图画书，指点着故事中主人公的形象给宝宝看，这样能使宝宝听得更明白，注意力也容易集中。

值得注意的是，宝宝喜欢听你重复讲解他熟悉的故事。故事不必多，同一个故事，同样的主人公，你那同样的语调，他会感到特别的亲切。这是与他的记忆力和理解力的发展水平相一致的，随着这样反复地练习，他的记忆力和理解力也就渐渐地得到了提高。

社会交往能力训练——让宝宝学会自己解决问题

有些家长过于心疼自己的孩子，不能容忍其他小朋友和自己的孩子之间发生冲突，一旦有了争执的苗头，家长就会一步冲上前替孩子出面“伸张正义”。其实家长越强势，孩子缺乏自己解决问题的机会，也就越发变得依赖家长、怯懦、容易受欺负。

育儿指导

当孩子们发生冲突时，建议大人先不要参与，静静地站在一旁观看孩子是怎样以自己的方式解决的。如果解决得好，大人可以对宝宝进行鼓励和表扬，然后帮他分析为什么这样做很好，或者还可以怎样改进；如果解决得不好，大人再去帮忙也不迟。

另外，妈妈给宝宝解释的机会。有时候孩子间发生冲突了，大人总会责问自己的孩子，孩子多半是委屈地大哭或是默不作声，这样对孩子不好。大人应该以民主、和蔼的态度鼓励宝宝申辩，对宝宝的行为要有一个客观公正的评价，并为宝宝以后行事提出一些合理性建议，这样孩子才能理智地看待和分析自己的行为，并及时做出调整。

写给妈妈的贴心话

宝宝知道心疼人了

妈妈有没有发现，当宝宝“狠心”地打了你一下，你故意做出一副很委屈的样子在假装哭泣时，宝宝看见了，会略想一会儿，然后很快地向你身边靠近，并亲昵地挨着你的脸，左脸挨挨，右脸挨挨，让人很是感动：小家伙居然会心疼人了！

亲情之爱，本是自然天成，子女对父母的爱更是与生俱来。如果我们说，还要教会宝宝爱父母，人们大多不以为然。但现实生活中不少场面又明明确确地告诉我们：这缘于天然的爱也是需要学习的。

育儿指导

妈妈一定会遇到这种情况——宝宝不知原因的哭闹，平时听见妈妈的声音，抱着、搂着、拍背、拍胸口，都能止住的，可是突然这些肢体语言全都失灵了。

这个时候，教妈妈一个好办法，那就是把自己的脸贴在宝宝的脸蛋上，温柔地在宝宝的耳边跟宝宝说“妈妈在这里，妈妈在这里”一边说着，手也不要闲着，轻轻地拍着宝宝的后背。如果宝宝还是哭，妈妈也可以坐在旁边假装哭，宝宝可能会突然就止住了，反而过来“安慰”妈妈，亲亲妈妈的脸蛋。

宝宝产生了逆反心理

人们对“逆反”两字，似乎有所疑惧。其实从心理学角度而言，逆反心理是一个十分寻常的概念，它存在于每一个人身上，只是程度不同而已。对于宝宝来说，“逆反”其实是一种本能。

逆反心理是好，还是坏？这要辩证看待。作为一种好奇心、探索欲、独立意识，当然是一种好的心理品质。可以设想，人类如果一切都遵循导训，那么社会还会进步吗？有时叛逆心理还会使人发奋努力，以非凡的意志战胜困难和阻力。但是，错误的、蛮横的、过分强烈的或是扭曲的逆反心理，却是有害的。它可导致一个人排斥正确的教诲。

育儿指导

对待处在逆反期的宝宝不能采取硬碰硬的方式，这样只能让他的逆反心理更加强烈。要应付逆反的宝宝，妈妈需要一些策略。不妨试试以下的方法：

游戏方法：宝宝都喜欢游戏，如果将任务变成游戏，相信他会比较乐于接受。

统一“战线”：让宝宝有这样的意识：父母也做同样的事，而且也要按照一定的规则来做。

冷处理方法：如果宝宝不听从父母的建议，不要理睬他，让他觉得很无趣，过一段时间他会明白这样不是吸引父母注意的好方式，于是他会尝试改变。

自己动手：1岁半的宝宝一般都喜欢自己来，因此，当宝宝说不的时候，父母可以想办法鼓励他利用这个机会来显示自己的能耐，他就会乐于自己来了。

教宝宝学会等待和遵守秩序

面前的食物还没吃完，宝宝便迫不及待地嚷着要吃另外的食物；在游乐场看到好玩的滑梯，无视前面正在排队的小朋友，自己硬要抢先上去玩；遇到要求没有被及时满足的时候，他立即发脾气，甚至情绪失控……因为宝宝还没有学会等待和遵守秩序。妈妈要从小培养宝宝，让宝宝学会遵守社会规范，让宝宝学会忍耐和坚持，学会等待。

育儿指导

妈妈可常带宝宝逛超市，去游乐场，排队买票，排队付钱，排队玩耍等，在等待的过程中，教会宝宝遵守社会秩序，让宝宝知道排队轮流和等待，是一种礼仪，是文明的社会现象。从小就要让宝宝学会文明礼让，不要抢先，要按着次序做事，否则就会乱成一团。要知道，虽然宝宝还小，但对宝宝讲清道理，宝宝逐渐就会变得懂事，学会等待。

另外，妈妈可以通过一个小游戏来教会宝宝等待。游戏的方法是：当宝宝提出想去楼下玩时，妈妈可以拿出一个苹果说：“请等一下，等妈妈吃完半个苹果再下去玩。”然后邀请宝宝也吃一小片苹果，同时对宝宝亲切地说话，说说即将下楼见到哪些小朋友或是小动物、小食品等感兴趣的话题，会使宝宝感受到等待中的小小乐趣。

向宝宝灌输时间概念

如果你和宝宝说，10分钟后睡觉，可到了点，宝宝仍然玩得忘乎所以，是他调皮不听话吗？当然不是，只是宝宝现在还没有时间观念呢！要想宝宝对时间有所概念，仅从字面上去解释，那对他来说真是太困难了。所以，我们还是从宝宝最熟悉的、亲身经历过的和感兴趣的事，向宝宝灌输时间概念。

育儿指导

1岁半的宝宝的时间概念总是借助于生活中具体事情或周围的现象作为指标的，如早上应该起床，晚上应该睡觉，从小就应该给宝宝养成有规律的生活习惯。虽不必让宝宝知道确切时间，但可经常使用“吃完午饭后”“等爸爸回来后”“睡醒觉后”等话作为时间的概念传给宝宝。

另外，宝宝虽然不认识钟表所代表的含义，但还得要宝宝明白表走到几点就可以干哪些事情了。比如，用形象化的语言告诉宝宝“看，那是表，那两个长棍重合在一起，我们就吃饭了，12点了……”给宝宝在手上面画个表，“宝宝几点了？我们该干什么了？”不断地这样问宝宝 ，让宝宝有看表的意识。

最重要是要以身作则，言行一致，定下了规矩就不能借口特殊情况而变动。答应宝宝的事也一定要在说好的时间内做到，这样才能在宝宝心目中树立守时的观念。也要培养宝宝珍惜时间的习惯，父母自己要树立榜样，不拖拉，常常在讲故事、做游戏等时间里告诉宝宝要抓紧时间，不能浪费时间。要善用智慧，讲究方法，日积月累，使宝宝形成规律、有效、稳定的时间观念。

Part 15 19~21个月宝宝

1岁半~2岁的宝宝生长速度仍较慢，这半年来，宝宝身高增长在3厘米左右，体重增长在1千克上下，身高仍然相对体重增长稍微快一点，但如果平均到每个月，几乎测量不出上个月与这个月的差别，到了这个年龄，每月测量宝宝体重的意义已经不那么大了。

令人高兴的是，宝宝的胸廓、头、腹部三围差不多了，腿长长了，脖子也比原来长了，穿带领子的衣服也没问题。

这个阶段要注意保护宝宝的乳牙，培养宝宝早晚刷牙的良好习惯，饭后用清水漱口，还要定期到口腔科进行牙齿健康检查和保健，打好恒牙的基础，乳牙虽然早晚要被恒牙取代，但却会影响恒牙的生长，现在宝宝处于咀嚼期，吃东西和学说话都离不开乳牙的作用。

身体发育标准

身高·体重

		女宝宝（平均值）	男宝宝（平均值）
21个月	身高	85.1厘米	86.5厘米
	体重	11.62千克	12.23千克

19 ~ 21 个月宝宝的喂养

1岁半~2岁宝宝的一日饮食量

饮食正常的宝宝，每天的饮食情况如下：

8：00	起床后喝一小杯温开水，50~100毫升。
8：30	酸奶1杯，主食面包1片或儿童面条1小碗。
10：00	酸奶150毫升，小点心1块。
13：30	米饭半碗（或面条），鱼（与成人量大体相同）或鸡蛋1个，蔬菜。
15：00	香蕉或苹果100克，煮鸡蛋1个，配方奶120毫升。
18：30	米饭1/3碗，鱼（大体与成人量同）或肉（成人量的1/3左右）、蔬菜。
睡前	牛奶200毫升。

贴心小贴士

宝宝会因季节的不同有吃得多和吃得少的时候。一般宝宝在夏季饭量就会减少，不少宝宝因此而体重减轻。能吃的宝宝可能会超过上面的饮食量，但如果宝宝体重超过13千克时，从控制体重的意义上来说，要给宝宝多吃水果，用酸奶代替牛奶。

宝宝"烂嘴角"缺乏什么营养素

烂嘴角，医学上称之为口角炎，是宝宝常见的疾病，一些父母以为宝宝的口角炎是上火引起的，其实不尽然。宝宝的口角炎多数是营养不良性口角炎，是由营养缺乏引发，其中又以B族维生素缺乏引起的口角炎最常见。

口角炎症状：最初表现为口角上发红、发痒，接着上皮脱落，形成糜烂、浸渍或裂痕，张嘴时拉裂而易出血，吃饭、说话等都受到影响。

防治口角炎

每年秋天，患口角炎的宝宝都比较多，面对当前口角炎的高发季节，应该采取必要措施积极预防。

保护好面部皮肤，保持口唇清洁卫生，进食后注意洁净口唇。口唇发干时，不妨涂少许甘油、油膏，防止干裂发生。注意不要用舌头去舔口唇，如果用舌头去舔，唾液中的淀粉酶、溶菌酶等在嘴角处残留，形成一种高渗环境，会导致局部越发干燥，从而发生糜烂。

要加强营养，注意膳食平衡，不偏食，不挑食，多吃富含B族维生素的食物，如动物肝脏、瘦肉、禽、蛋、牛奶、豆制品、胡萝卜、新鲜绿叶蔬菜等。因B族维生素容易溶解于水，做饭时要注意防止维生素流失，米不要过度淘洗；蔬菜要先洗后切，切后尽快下锅，炒菜时可加点醋。

贴心小贴士

宝宝一旦患了口角炎，可服复合维生素B，局部可涂用硼砂末加蜂蜜调匀制成的药糊。

多喝骨汤可以补钙吗

当宝宝出牙慢或骨折后，父母往往会给宝宝喝骨头汤，认为这种方式补钙最好，其实肉骨头汤中的钙并不高。1千克肉骨头煮汤2小时，经测定所含的钙仅有20毫克左右，而宝宝每日需要800～1200毫克钙，骨头汤中的钙远远满足不了宝宝的需要。肉骨头内的骨髓含有大量的脂肪，宝宝吃多了会发生消化不良和腹泻。

宝宝要补钙也应该有医生的指导，父母不能擅自做主。含钙丰富的食物有：牛奶、豆类和豆制品、绿叶蔬菜、水果(杏仁、葡萄)和薯类等。

宝宝是否需要补锌

专家提醒，社会上一些关于幼儿头发黄、有多动症倾向，就是缺锌的说法，其实都很片面。要明确是否缺锌，最明智的做法是到医院做个化验，若血锌检测低于正常值，结合临床症状、膳食状况等进行综合分析后，才应考虑适当补锌。而且，缺锌不严重时，药补不如食补。我们日常吃的很多食物中都含有丰富的锌，从食物中补充锌元素是完全可以的。

妈妈在日常饮食中多注意，一般可预防宝宝缺锌。像瘦肉、肝、蛋、奶及奶制品、莲子、花生米、芝麻、核桃、海带、虾类、海鱼、紫菜、栗子、瓜子、杏仁、红小豆等都富含锌。含锌最丰富的是贝壳类海产品，妈妈可给稍大点的宝宝炖一些海鲜汤，如扇贝、海螺、海蚌什么的。

贴心小贴士

补锌要适度。如果锌摄入过多也会造成中毒，出现恶心、呕吐、腹痛、腹泻等胃肠道症状，还会引起发烧、贫血、生长受阻、关节出血等。

不要让宝宝经常吃冷饮

冷饮吃得过多，会影响宝宝对食物中营养成分的吸收。特别是年幼的宝宝，其胃肠道功能还没有发育完全，黏膜血管及有关器官对冷饮的刺激还不能很好地适应。冷饮吃得太多，可能会引起腹痛、腹泻、咳嗽等症状。所以，夏天最好不要让宝宝随意吃冷饮。

当然，宝宝也并非完全不能吃冷饮，偶尔有控制地给宝宝吃少量的冷饮，也是可以的。

贴心小贴士

妈妈可以用新鲜的瓜果或新鲜的果汁代替冷饮。在制作果汁时，可以让宝宝也参与进来，以提高宝宝的兴趣。也可以用鲜牛奶或者酸奶给宝宝自制一些迷你冰品。因为冰格中每一个格子的容积都很小，比较容易控制宝宝吃冷饮的量。

宝宝这样喝牛奶更营养更健康

所有1～2岁的宝宝都应该喝全脂奶。2岁以后，如果宝宝吃饭好，妈妈可以给他换成半脱脂奶。半脱脂奶中的蛋白质和钙含量与全脂牛奶差不多，但脂肪、维生素A和热量的含量却较低。值得注意的是，除了肥胖宝宝外，5岁以下的宝宝都不应该喝脱脂奶，以保证宝宝饮食中的脂肪含量。

喝牛奶的时间：牛奶是一种基础食品，以饭后饮用为宜。1天1袋以早餐喝为好，1天2袋以早晚喝为佳，也可根据宝宝生活习惯在三餐之外的时间喝，但要注意先让宝宝吃点富含淀粉的食物后再喝，以使牛奶在胃中有较长的停留时间，有利于营养素的全面吸收和利用。

贴心小贴士

如果宝宝吃饭非常不好，妈妈可以继续让宝宝喝成长配方奶，因为这种奶添加了一些铁质。许多吃饭不好的宝宝摄入的铁都不够，可能发生缺铁性贫血。

宝宝半夜醒来要吃奶怎么办

宝宝良好的睡眠和饮食习惯是在父母的帮助下逐渐养成的，半夜起来喝奶是从婴儿期沿袭下来的习惯，需要慢慢改变，不可硬性纠正。

如果宝宝半夜醒来要喝奶，妈妈不给他，他就拼命哭或不睡觉，妈妈就不能强行不给宝宝，应继续给宝宝喂奶，宝宝不会一直喝下去的，或许过一段时间就不喝奶了。妈妈不要过于纠结于宝宝断母乳的事情，只要宝宝没病就好，妈妈要耐心对待宝宝的特点，尊重宝宝的成长过程。

宝宝如果晚上睡觉不安，妈妈不要立即去哄，等待一会儿，开始真正哭闹了再去哄，逐渐延长哄宝宝的间隔时间，宝宝哭闹就会慢慢缩短。哄宝宝时要轻声轻拍，保持平静，尽量不要抱起宝宝，更不要抱着宝宝满屋走，也尽量不要开灯，把台灯打开就可以了。

19 ~ 21 个月宝宝的护理

宝宝哭得背过气去怎么办

有些宝宝，在啼哭开始时，“哇”的一声还没哭完，就突然呼吸停止，背过气去了，嘴唇发青，医学上称为呼吸暂停症，又叫屏气发作。

这种情况常见于2岁以内宝宝，但6个月以内很少出现。当宝宝精神受刺激时，如疼痛、不如意、要求未能满足时，哭喊后呼吸突然停止、嘴唇发青，严重的全身青紫、身体强直向后仰、意识丧失甚至抽风，有时还有尿失禁，轻的呼吸暂停半分钟到1分钟，严重的持续两三分钟，呼吸恢复后，青紫消失，全身肌肉放松，意识恢复。

宝宝一哭就“背过气”，这种情况发生在啼哭开始时，如已经哭过一段时间，往往就不会发作了。呼吸暂停症病初发作次数不多，以后可能逐渐增多，但一般到四五岁时逐渐消失，很少在6岁以后还发病。宝宝有这种发作时，父母不必紧张，随年龄增大就会自己停止。发作时把宝宝放平，脸侧向一方，拍抚几下就可以了，不必大喊大叫、摇晃宝宝。平时尽量减少精神刺激，但不能娇惯、溺爱宝宝，不要整天抱着不离手。呼吸暂停症一般不需要药物治疗，个别严重的可用镇静药。

宝宝被鱼刺卡住了怎么办

鱼刺卡住了喉咙，妈妈最常用的老方法就是让宝宝立即猛吞几口饭或馒头，试图让宝宝把鱼刺吞下去，可是往往达不到效果，还加深了宝宝的痛苦。本来鱼刺扎在喉咙的表浅黏膜上，强力吞咽饭团或馒头，颇大的压力就会使鱼刺扎得更深，并引起局部黏膜肿胀、出血或合并感染。

鱼刺比较小，扎入比较浅的话，可以让宝宝做呕吐或咳嗽的动作，或用力做几次“哈、哈”的发音动作(注意咳吐时不要咽口水)，利用气管冲出来的气流将鱼刺带出。如未奏效，也可用少量醋缓慢咽下。

如果还是无效，就让宝宝张大嘴巴，用手电筒向里照着，将宝宝舌头压住，让宝宝一直不停地发“啊”的音。如果看见鱼刺在扁桃体上或舌根表面，可用手扶住宝宝的头，用一把干净的小镊子轻轻地把鱼刺夹出来。如果宝宝卡鱼刺的部位比较深，用镊子不容易夹出来，或根本看不到鱼刺，妈妈应尽快带宝宝到医院，请医生处理。

宝宝皮肤擦伤如何处理

轻微的表皮擦伤，只要用酒精或碘酒涂一下，就可以起到预防感染的作用。如果不放心，可再薄薄地涂敷一层红药水。

伤口相对较深，需用干净的水清洗伤口（如果伤口里有泥沙，一定要清洗干净，否则会残留在皮肤中）。

涂上抗菌软膏（连续使用抗生素药膏2～3天，直到擦伤处出现红黑色或黑色硬痂为止）。

如有需要，可贴上创可贴（但包扎时间不宜过长，最好不要超过2天）。

注意：这样的处理只适合比较轻微的擦伤。如果擦伤面积比较大，伤口大而深，受伤部位还粘有清洗不掉的脏物，还是要请医生帮忙处理才是。

贴心小贴士

较深、较大的伤口或面部伤口，应去医院处理，必要时予以缝合，以免留下过大疤痕。

19～21个月宝宝的早教

语言能力训练——教宝宝背诗歌

或许你会觉得这个时候的宝宝听不懂唐诗宋词，不明白其中的意思，但不要忽略一点：宝宝毕竟只是宝宝，在初步学习的过程中，唯有大人不断地启发引导，才能渐渐掌握理解、品味中国传统文化的技巧。所以，只要宝宝喜欢，妈妈应尽量教宝宝背诗歌，并在宝宝喜欢背诗歌的前提下，慢慢让宝宝理解并记下这些诗歌。

育儿指导

妈妈在给宝宝选读古诗时，要注意选择十分形象化的，例如唐初四杰中骆宾王7岁时写的《咏鹅》："鹅、鹅、鹅，曲项向天歌，白毛浮绿水，红掌拨清波。"父母一面朗读，一面向宝宝解释，让宝宝明白后再开始跟着朗读。另外，有些诗在一定的情景下会使宝宝学得很快。例如，有一晚月亮特别好，在床前就能看见，马上可给宝宝朗读："床前明月光，疑是地上霜。举头望明月，低头思故乡。"这样能够激发宝宝对朗读诗歌的兴趣，并容易记住。

社会交往能力训练——让宝宝大胆说话，不做害羞宝宝

有些孩子认生，在人多的地方就害羞不敢说话，这可能会阻碍社交能力，也有可能影响到语言表达能力，大人应该从小就培养孩子大胆说话的好行为，敢于表达自己的思想、情感，提高社交能力。

育儿指导

从小就要和孩子多交流

大人应该多和孩子交流，什么都可以和孩子说，比如对他介绍家庭成员，介绍家庭情况，说说大人的工作情况，告诉他你目前所做的家务、食物等，只要能想到的，都可以和孩子说，就算早期孩子不能与大人沟通，大人也要多跟他说，这是孩子社交能力和语言能力发展的基础。

让宝宝试着回应大人

渐渐地，孩子有了说话的能力，大人在跟他"说"的基础上，还要培养他回应的能力，可以有意识地提一些问题，让他回答，或是认真地倾听孩子说话，积极地给予回应，激励孩子多说话。

鼓励孩子演说

等到宝宝再大一点，大人可以让宝宝进行自我演说，比如进行自我介绍，对象可以是家人、邻居，也可以是小伙伴，开始时只能零星地说一些自己的信息，等到宝宝习惯了这种形式，他就会"系统地"介绍，比如告诉别人他的大名、小名、几岁了、在哪栋房子里住、自己平时爱做什么、喜欢吃什么东西、喜欢玩什么玩具或游戏、会唱什么歌曲等。

写给妈妈的贴心话

宝宝会“记仇”了

有的宝宝很敏感，当自己做错事后遭到父母训斥时，就会皱着小眉头，撅着小嘴，眼圈也一下就红了。再等父母气消后来抱他时，他可能就不太愿意亲近你了。他虽然小，但同样有着非常细腻而丰富的情绪。宝宝的这种表现应该说是婴幼儿情绪发展尚未成熟的一种正常现象。这种情况通常会随着时间而淡忘。宝宝一旦知道父母仍然是关心和爱自己的，就会忘记一时的不快。但如果生活中大人对宝宝过多使用些负面言辞，宝宝就会表现为拒绝接近这个人。因此跟宝宝相处时，我们要时刻注意我们的言行，以免对宝宝构成伤害或者不良影响。

育儿指导

有的时候如果确实是宝宝做错了事情，比如看到别的小伙伴有新颖漂亮的玩具，就非要玩，父母为了避免冲突难免会约束自己的宝宝。宝宝愿望得不到满足的情况下，也会生你的气。这种情形，你可以尽量以别的宝宝感兴趣的事物来转移宝宝的注意力，比如一个小球、一辆小汽车、一只橡皮鸭或者给宝宝讲他喜欢的故事都可以。

教宝宝学会评价自己的行为

父母都希望自己的宝宝赢在起跑线上，常常会以自我的观点去评判宝宝是否能“赢”。其实在人生竞技场，宝宝只能自己去努力。无论宝宝处于怎样的成长阶段，或许不如同龄宝宝跑得快，不如同龄宝宝那么有灵性，父母都不能给宝宝做出评判，而是应该多多鼓励宝宝、帮助宝宝，使宝宝建立自信心。

育儿指导

在培养宝宝良好行为习惯时，父母要坚持说理，让宝宝知道评价判别自己的行为是对还是错，这样他就会以此来约束自己不做不该做的事情。比如，已经很晚了，宝宝仍坐在电视机前不肯去睡，你若硬拖他去睡，一定会引起他的情绪对立。你可以耐心地对他说：“宝宝，为了明天早起，我们睡吧！”“宝宝，妈妈想睡了，一起去睡吧！”等。你坚持这么做，不迁就宝宝，又不放弃耐心地说道理，久而久之就会使宝宝学会评价和判别自己的行为的适宜度，增强自我控制力。

尊重宝宝的个性发展

宝宝从一出生就有个性，甚至在妈妈子宫里的胎儿就表现出个性来了。有的孕妇会感觉胎宝宝在子宫里动得非常欢，可有的孕妇感动胎宝宝不是很爱动。有的新生儿比较安静，饿了哭，饱了睡，非常好带。有的新生儿就不这样安静，对外界的刺激比较敏感，爱哭、爱闹，即使是刚吃饱，也不能安稳地睡觉，睡着了也不安静，面部表情多多，肢体也不闲着。到了幼儿期个性就更突出了，有的宝宝非常好带，有的宝宝动不动就哭闹。

育儿指导

父母切莫为了宝宝的个性烦恼，淘气的宝宝和不淘气的宝宝各有各的优点。千万不能让宝宝有这样的感觉：自己的性格天生就有缺陷，这是对宝宝最大的伤害。如果妈妈总是指责一个富有探索精神、精力充沛的淘气孩子不是好孩子，就会使宝宝内心和自己的个性发生冲突，变得不自信。

父母要尊重宝宝的个性，发现宝宝个性中的闪光点，如果父母接受宝宝的淘气，而不是限制和否定，宝宝就会充满自信和快乐。爱好和兴趣可以后天培养，但个性却很难改变。父母不要试图改变宝宝的个性，而应该找到适合宝宝个性发展的养育方法，接受、理解、欣赏宝宝的个性。

Part 16 22~24个月宝宝

体重与饮食有很大关系，如果宝宝体重过重或过轻，应该先从饮食方面寻找原因，如饮食量怎样、饮食结构合不合理等，其次再考虑疾病，肠胃吸收是否良好等。

身高与饮食关系不大，影响宝宝身高的因素很多，最重要的是遗传，其次是营养、运动、环境、地域，即便是双胞胎，身高增长也会出现差异。

宝宝现在一般已有 12 颗牙齿，萌出了上下尖牙，到 2 岁时，有的宝宝可以长出 18 颗左右的牙齿，通常情况下，2 岁半时宝宝的乳牙能出齐，但宝宝乳牙生长存在很大个体差异性，有的宝宝现在只有 10 颗牙，直到 3 岁才能长全 20 颗牙齿，这些都是正常的，妈妈不必着急。

身体发育标准

身高·体重

		女宝宝（平均值）	男宝宝（平均值）
2岁	身高	88.8厘米	89.9厘米
	体重	12.33千克	12.89千克

22 ~ 24个月宝宝的喂养

可以给宝宝吃强化食品吗

如果家庭注意安排膳食，经常有杂粮、鱼、肉、禽、蛋、奶、蔬菜、瓜果等，宝宝不挑食，不偏食，营养供给比较全面，就不用给宝宝吃强化食物。尤其是有足够的优质蛋白质供给的宝宝，就不必再增加赖氨酸了。不过铁和维生素A、维生素D在一般的食物中不足，可考虑用专门的增补剂给宝宝补充。

如果要给宝宝食用强化食物就要注意这些食物中所含营养素的含量，避免宝宝吃太多而中毒。尤其是铁强化的糖果、饼干、饮料等，有些家庭用铁锅煮红果做糖葫芦，让宝宝吃多了会可能出现铁中毒。因此，妈妈应特别慎重，看清楚强化食物的说明，如果未标明含量的，最好不买。

贴心小贴士

强化食品一定要放在宝宝拿不到的地方，防止宝宝自己取食，吃太多反而影响健康。

能给宝宝喝茶吗

茶对幼儿的身体健康是大有裨益的。因为茶叶中不仅含有儿童生长发育所需要的酚类衍生物、咖啡碱、维生素、氨基酸、糖类、芳香物质等，还含有锰、氟、铜、锌等多种微量元素。

育儿指导

夏季，宝宝淡淡地饮上一杯清茶，不仅无害处，反而顿觉满口生津、遍体凉爽。

另外，不少宝宝食欲差，不肯吃饭，如果坚持每天让宝宝适量饮点茶，可以促进消化、增加胃蠕动、促进消化液分泌、增进食欲。而当宝宝贪食，过饱时，适当饮茶又能产生消食除腻的作用。因茶水中的维生素、蛋氨酸等有调节脂肪代谢的功能，能减轻油荤带来的不适之感。

不过宝宝饮茶要合理，每天不要超过3杯，尽量在白天饮用，要求偏淡、温饮。

适合宝宝喝的茶有：大麦茶、普洱茶、七星茶、绿茶等。一次不要喝太多，要清淡，不能太浓，不要泡得时间过长。

多给宝宝吃含铁的食物

宝宝很容易出现贫血，而贫血会导致浑身无力和倦怠，甚至出现喜食泥土、墙皮、生米等“异食癖”。在日常饮食中，妈妈要注意让宝宝多吃富含铁的食物，预防宝宝缺铁性贫血。

1~3岁的宝宝每天平均需要7毫克铁。

育儿指导

妈妈可常给宝宝吃一些富含铁的食物，如牛肉、羊肉、猪肉，动物的肝、心、肾，蛋黄、黑鲤鱼、虾、海带、紫菜、黑木耳、南瓜子、芝麻、黄豆、绿叶蔬菜（西蓝花、菠菜），水果干（杏干、无花果干、葡萄干、梅干等），谷类面包等。妈妈应保证宝宝明天吃10种以上的食物，如两种主食、两种肉类，三种蔬菜，两种水果，牛奶或花生酱等。

另外，维生素C能促进铁吸收，因此，动、植物食品混合吃，可让铁的吸收率增加1倍。比如，宝宝吃饭后，让他喝杯稀释后的果汁（1份果汁兑10份水），或者给他吃一份含有新鲜水果和水果干的水果沙拉，可给宝宝补充充足的铁。

宝宝消化不好需要健脾养胃

幼儿常常容易消化不良、腹泻、食欲不振、便秘等，医生诊治时有时会告诉父母“小宝宝的脾胃功能较弱”。这时，父母应该给宝宝多吃一些健脾养胃的食物。另外，即使宝宝脾胃功能良好，适量多吃健脾养胃的食物也是有益的。

健脾养胃的食物

主食	水稻、玉米、小麦、粟米
蔬菜	番茄、香菇、扁豆、山药、白萝卜
肉食	鸡肉、鹌鹑、猪肚、鳝鱼
瓜果	苹果、山楂、木瓜、无花果

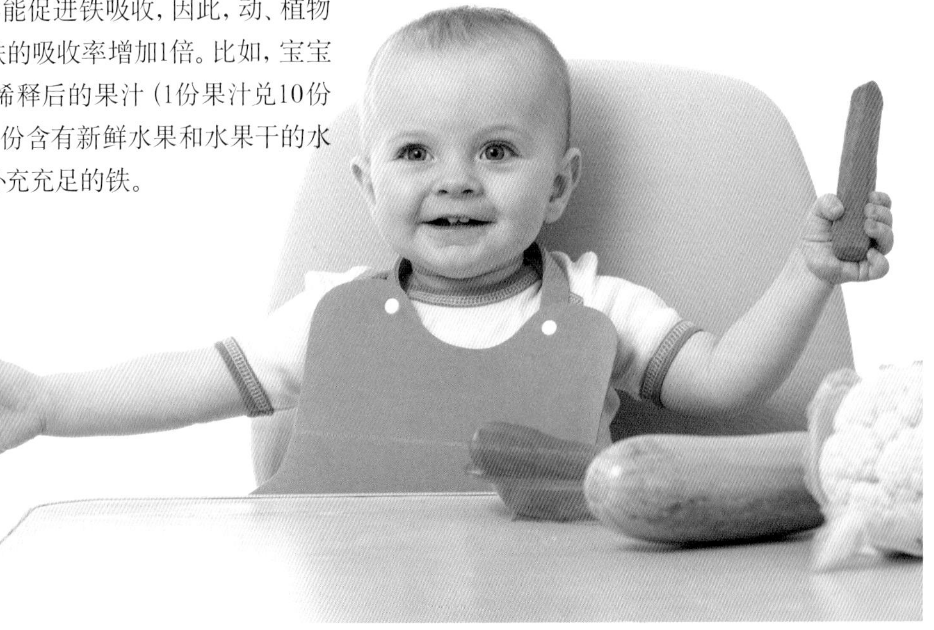

宝宝肚子胀(积食)怎么办

积食的宝宝往往会出现食欲不振、厌食、口臭、肚子胀、胃部不适、睡眠不安和手脚心发热等症状,甚至引起宝宝发烧。如果你发现宝宝有以下上症状,那就表示宝宝积食了。

缓解宝宝肚子胀的方法

按摩

适度的按摩能够促进肠蠕动和排气,从而缓解宝宝肚子胀气。具体做法是,洗净双手,然后以宝宝的肚脐为中心,用你的手掌沿顺时针方向轻轻按摩宝宝的肚子。每次按摩5分钟左右就可以了。你的手要温热,力度适中,否则可能会让宝宝感觉不舒服。

你还可以让宝宝仰卧在床上,轻轻抬起宝宝的腿,弯曲他的膝盖使其靠近他的腹部,这样能起到间接按摩宝宝肚子的作用。需要注意的是,你最好选择在宝宝吃奶后1小时再给宝宝按摩,以免宝宝溢奶。

热敷

有的妈妈喜欢用局部热敷的方法帮助缓解宝宝肚子胀气,这样也是可以的。具体做法是,把一块毛巾浸在温热的水里,然后拧干水分,热敷肚子。在毛巾放在宝宝肚子上之前,你最好先把毛巾放在手腕处试一下温度是否合适,以免热毛巾烫伤宝宝。

药物

小儿化食丸:当宝宝贪食受凉后,引起肚腹胀满、恶心呕吐、烦躁口渴、舌苔黄厚、大便干燥时,可服用小儿化食丸。

小儿消积止咳口服液:当宝宝因积食引起咳嗽、喉痰鸣、腹胀如鼓、不思饮食、口中有酸臭气味时,可服用小儿消积止咳口服液。

如何预防宝宝积食

俗话说"要想小儿安,三分饥和寒",意思是说要想宝宝不生病,就不要给宝宝吃得太饱、穿得太多。无论是哪一种食物,再有营养也不能吃太多,否则不但不能使宝宝健康,反而会造成宝宝"积食",给宝宝的身体带来不同程度的损害。

预防宝宝积食

调整宝宝饮食结构,多让宝宝吃些易消化、易吸收的食物,不要一味地增加高热量高脂肪的食物。让宝宝多吃蔬菜、水果,少吃肉,适当增加米食、面食,高蛋白饮食适量即可,以免增加肠胃负担。

宝宝晚上不要吃得太饱,幼儿时期的宝宝白天活动量大,吃东西能消化,但晚上胃蠕动慢了,就容易积食。因此,晚上吃饭别太饱,即使喝配方奶,也要水多一些,奶粉少一点。

让宝宝吃七分饱,无论哪种食物,再有营养也不能吃太多,否则不但不能强健身体,而且弄不好会形成食积、腹泻等状况,伤害宝宝的身体。

睡醒1小时不进食,早上或中午宝宝刚睡醒时,1小时内不要进食,因为胃肠等内脏从低运转恢复正常需要一点时间,否则,容易造成积食。

贴心小贴士

如果宝宝除了肚子胀不舒服外,还有其他症状,或者你感觉有不对劲的地方,应该带宝宝去医院就诊,特别是如果你的宝宝还很小的话。

22～24个月宝宝的护理

让宝宝独立睡觉

这个时候的宝宝独立感和依赖感同步增强，使得宝宝一方面要独立于父母，另一方面又希望父母一步也不要离开。如果妈妈让宝宝到其他房间睡觉，宝宝是不会答应的，如果妈妈坐在他的小床边，宝宝也许会乖乖躺着，但妈妈刚一起身想要往门口走，他就会立刻爬起来。即使把宝宝哄睡了，半夜醒来看不到妈妈，宝宝也会大声啼哭。宝宝开始有了记忆，尤其对不良刺激比较敏感，这种恐惧感会让宝宝从此不再离开妈妈半步，或开始半夜噩梦惊醒，不利于宝宝的成长。

育儿指导

宝宝现在正是依恋妈妈的年龄，一直与妈妈一起睡觉的宝宝，如果现在强行让他独睡，他就会害怕地哭上几个小时，可能会导致宝宝睡眠障碍。

所以，妈妈可以先把婴儿床换成大一点的床，放在父母卧室里面，先与宝宝同房睡觉。等宝宝熟悉自己的床后，再进行分房，让宝宝独立睡觉。

如果宝宝害怕单独睡觉，妈妈应陪伴着宝宝，给他讲故事或者放松地坐在他的小床边，一直到宝宝睡着为止。特别注意的是，在宝宝入睡之前，不要急于悄悄离开，那会引起宝宝的警觉，使他更难入睡。等宝宝适应一个人睡觉后，妈妈可以不等宝宝睡着就离开，但要消除他的忧虑，要告诉他“妈妈就在外面，宝宝不要害怕”之类的。只要有足够的耐心，坚持下来，宝宝最终都会独立睡觉的。

用冷水给宝宝擦身能增强免疫力

1～2岁的宝宝，除了进行户外活动、开窗睡眠、做操，进行空气浴、日光浴以外，用冷水锻炼身体，也是增强体质、防病抗病的好方法。

宝宝身体局部受寒冷刺激，会反向性地引起全身一系列复杂的反应，能有效地增强宝宝的耐寒能力，少得感冒。

育儿指导

水温以25～30℃为宜。但晚上清洗时仍要用32～40℃的温水，避免刺激宝宝神经兴奋，影响健康。具体方法如下：

先把毛巾在冷水中浸透，稍稍拧干，先摩擦宝宝的四肢，再依次擦颈、胸、腹、背部。擦过的和没有擦过的部位都要用干的浴巾盖好。湿毛巾擦完后，再用干毛巾擦。开始摩擦时的水温，最好与体温相等，每隔2～3天降低1℃，冬季一般降至22℃，擦身时室温以16～18℃为宜。夏季可随自然温度用冷水擦身。

另外，在给宝宝擦身时，可以一边说话一边进行，还可以在室内放些轻音乐，或是妈妈可以给宝宝哼两句，分散宝宝的注意力，使宝宝乖乖配合擦身。

干布摩擦皮肤可增强体力

用干布摩擦皮肤增强体力本是上辈流传下来的传统方法。现代医学研究已证明这种方法确有锻炼自律神经、预防感冒的作用。

育儿指导

所谓干布摩擦，并不需要什么特殊的准备和复杂的过程，只要每次在给宝宝换衣服时，用刚换下来的内衣轻轻摩擦宝宝的手脚及背部皮肤就可以了，说起来只不过是顺手之举，但重要的是要坚持不懈，才能取得预期的效果。

22～24个月宝宝的早教

语言能力训练——让宝宝学习优美的语言

得体的举止、文雅的谈吐是每一个人都应当具有的品质，而良好的道德修养是从小培养起来的，尤其是要重视宝宝刚刚学习说话的这一年龄阶段。2岁以后的宝宝经历了语言发展的爆发期，他在这个时期逐渐掌握了大量的词汇，并且开始学习各种各样的语言表达方式。妈妈一定要趁此机会培养宝宝来学习和运用优美的语言。

育儿指导

对于宝宝来说，语言学习的最主要方式就是模仿。因此，妈妈在宝宝学习优美语言的过程中扮演了极其重要的角色。

第一，妈妈应当以身作则，平时说话要注意语言优美，不使用污言秽语。宝宝生活在家庭中，每时每刻都受到家庭的影响，妈妈的一言一行都成为宝宝模仿的对象。

第二，妈妈要有选择地给宝宝读一些优秀的儿童读物。好的文学作品中使用的言语都是经过加工和提炼的，是经历了时间考验的。优秀的文学作品不但可以陶冶人的情操，还可以在潜移默化中使宝宝学会使用优美的语言。妈妈还要注意挑选适于宝宝观看的电视节目，与宝宝一起看。

第三，有的宝宝已经学会了一些不良用语，妈妈一定要及时给予纠正。但是纠正的时候要讲究方式方法，过分的责备和训斥可能会起到相反的作用。

社会交往能力训练——培养宝宝的合作精神

在当今社会，与他人合作，才能获得生存空间。善于合作，才能赢得发展。其实，合作是人的社会化所必需的能力之一。有专家预言说，未来的成功者必须是一个善于同他人合作的人。那么，人的合作能力必须从小加以培养。

育儿指导

首先，要培养宝宝的合作意识。例如，带宝宝到户外活动时，看见蚂蚁搬家，就可以利用这一机会对宝宝进行教育。看蚂蚁搬家是十分有趣的，宝宝常常会久久地蹲在那里观看。这时，妈妈可以有意识地引导宝宝看蚂蚁怎样搬动体积较大的食物。一只蚂蚁是无法搬动较大食物的，但许多蚂蚁一块儿搬就能把大块食物搬走了。又如，带宝宝看工人叔叔盖大楼，也可以引导他看这些工人叔叔是怎样分工合作盖起大楼的。

另外，妈妈要为宝宝创造合作的机会。如在游戏中给宝宝提供合作机会，先从两个人开始，由浅入深。如：二人玩翻绳，拍手谣，猜拳舞，合作一幅画等。随着宝宝能力的提高，可增加难度。如结构游戏“盖楼房”，角色游戏“开医院”。父母还要将合作的培养整合在宝宝的一日生活之中，如共同收拾书桌，整理图书和活动区域的物品。

写给妈妈的贴心话

宝宝孤僻，不愿与人交流怎么办

导致宝宝孤僻的原因

社会交往机会少

独生子女中，胆小孤僻性格者较多，主要是因为参与社会交往的机会少，宝宝怕见生人，遇上问题不知所措，不会躲避伤害，缺少朋友等，这样的个性显然不利于宝宝成年以后在社会中的生活。

后天教育方式不当

如果父母对宝宝的行为限制过多、惩罚过多或批评过多，就会使宝宝感到羞怯，疑虑自己的能力，从而导致在社会场合中的孤僻退缩行为。

如果父母对宝宝过分溺爱和迁就，事事包办代替，不给予尝试和锻炼的机会，更甚至于为了防止宝宝受到欺负，从小就把他关在家里，也容易导致宝宝出现孤僻退缩行为。

先天适应能力的局限

抑郁质和黏液质气质的宝宝，对新环境往往感到特别拘谨，与人接触具有一个适应过程，常常表现出不爱与人交流，较孤僻。

育儿指导

提高宝宝的认知能力

尊重宝宝的探索欲望，鼓励他认识和发现外界的新鲜事物，鼓励其敢于尝试和创造。相信宝宝的力量和能力，给予他一定的自主权利和范围，让宝宝学会自己管理自己。当宝宝遭受挫折和失败时，父母不要采取粗暴、强制的教育方式，以免他由于恐惧而害怕与人接触。

改善宝宝的同伴关系

鼓励宝宝积极参加社区以及幼儿园举办的各种集体活动，让宝宝学会与同伴交流。邀请小朋友来家中做客，使宝宝以主人身份与同伴热情交往，结交好朋友。

对宝宝进行强化训练

让宝宝接触自然，通过旅游、登山、划船、游泳等，培养宝宝良好的心理素质及顽强的意志品质。和宝宝一起观看有教育意义的电影、电视等，帮助宝宝学习人际交往的方式。通过角色扮演或做游戏等方法，教宝宝学会在陌生的情境中与人交往的技能、技巧。

宝宝犯错了，妈妈怎么做最好

宝宝犯错时，最忌讳讽刺挖苦，这将会刺伤孩子的自尊心。另外，父母在惩罚宝宝时忌语言不文明、满口脏话，自己也“出口成脏”，这会使得教育效果大打折扣，甚至失去说服力。

育儿指导

有的父母，当宝宝犯错时只是一味地惩罚责备，惩罚完后一心疼马上给他一颗糖，以示安慰。这样的做法是非常不好的。惩罚责备后要告诉宝宝应该怎么做、达到什么要求或标准，否则会有什么样的后果，并要求宝宝做出具体的改错后才能停止。如宝宝有乱丢东西、不爱整理的习惯，父母在惩罚时就应该让他自己收拾好东西、整理好玩具。父母千万不能含糊其词甚至让宝宝“自己去想”。父母不告诉宝宝错在哪儿，宝宝改错就没有目标，效果就不明显。

宝宝不愿叫人怎么教育好

当宝宝不愿意开口叫人，父母不要表现得过于急切，甚至威逼利诱，这样更容易造成宝宝的逆反心理。有的父母往往会这样说：“叫了阿姨才有巧克力吃”“宝宝越来越不乖，都不肯叫人，妈妈不喜欢你了”，诸如此类的说法都会给孩子一种逼迫他的感觉，往往会适得其反，宝宝通常会用一声不吭作为反应。

父母也不必觉得自己是个失败的家长，给自己增加这方面的压力。相信宝宝在您及时、合理的引导下会逐渐改善不爱叫人的习惯。

育儿指导

妈妈要教宝宝从小养成礼貌待人的习惯：

在出门前预先告诉宝宝如果遇到熟人该怎样对待，如果宝宝表现良好，回家大大表扬；如果表现不佳，要就明确指出“没有礼貌的宝宝大家都不会喜欢”。

当宝宝拒绝叫人时，不用硬逼他，你可以把话题转移，等宝宝放松后反而有可能会想要表现一下，自动自觉地重新开金口；如果有其他小孩同时在场，而这个宝宝很乐意叫人，就适当地利用一下这个条件，表扬大方叫人的宝宝，利用宝宝好胜争宠、爱模仿的心理打开金口。

带宝宝外出时遇到熟人，你可以先跟别人打招呼，给宝宝树立良好的示范作用。如果宝宝不肯叫人，那么告诉他，点头微笑也是打招呼的一种方式，让他学着试试看。

宝宝会用"我的"了

人并不是生来就有自我意识的，婴幼儿的心理只有发展到一定的阶段才能形成自我意识。在1岁半至2岁时，宝宝知道了自己的名字，并且能用名字和代词"我"称呼自己，这标志着宝宝开始把自己从客体转变为主体来认识，逐渐形成了自我意识。

宝宝往往用自己的名字或昵称来形容自己的东西，如他经常会说"是小淘气的鞋"，然后去拿属于宝宝自己的东西。随着自主意识的加强，妈妈要鼓励他说"我的衣服""我的床""我的鞋子"，而代替"宝宝的衣服""宝宝的床""宝宝的鞋子"等，这是小宝宝自我意识的萌芽。说对了要称赞他，亲吻他。

育儿指导

要想办法引起宝宝的注意，让宝宝多看，喜欢看，从而逐渐意识到"这是我看见的"。

要多对宝宝说话，还要夸张地说（伴以夸张的动作和表情），让宝宝听各种好听的声音，引起宝宝对声音的兴趣，从而逐渐意识到"这是我听到的"。

要刺激宝宝手和脚的肌肉，让小手多触摸，小脚多活动，从而逐渐意识到"这是我的手和脚"。

宝宝开始亲近妈妈以外的人

宝宝最亲近的人是妈妈，1~2岁宝宝特别依恋妈妈，但快到2岁时，除了继续依恋妈妈外，宝宝也开始亲近其他人。经常照顾宝宝生活起居的看护人、爸爸、爷爷、奶奶、姥姥、姥爷，家里的兄弟姐妹和周围的小朋友，如果对他表示友好，他会很高兴地与周围人玩耍。但如果周围的人没有对他表示亲近，或不经常和他玩，他并不会主动和周围的人发展亲密关系。

育儿指导

由于现在的宝宝能够亲近陌生人了，所以妈妈要对宝宝进行安全教育，要教导宝宝不要和陌生人接近，不接受陌生人给的东西，并养成一种习惯。如果外出时与大人走散，就去找警察叔叔说这些话，请警察叔叔帮助回家。

对于较小的宝宝，为了防止宝宝与父母外出时走失，可以给他穿上色彩鲜艳、有特点的衣服和帽子，便于在人群中辨认。带宝宝外出时，要随身携带宝宝的照片，或给他的衣服缝上身份识别记号、家人的联系方式，万一宝宝走失也有线索寻找。

Part 17

2岁~2岁半宝宝

宝宝的生长速度在 2 ~ 3 岁彻底减慢下来，尤其是头部，在以后约 10 年的时间内，只会长 2 ~ 4.5 厘米，3 岁的宝宝体重与 2 岁半时几乎测量不出什么变化，身高的增加比体重明显一点，主要体现在躯干和四肢的变化上。

2 岁时，宝宝一般长有 16 ~ 20 颗乳牙，到 2 岁半时 20 颗乳牙都能长齐，不过并不是所有的宝宝都是如此，2 岁半以后乳牙还没有出齐的宝宝，并不是发育落后的表现，也多不是缺钙所致，只是生长发育存在个体差异而已，如果宝宝 3 岁还未出齐，可以考虑去看牙医或儿科医生。

身体发育标准

身高·体重

		女宝宝（平均值）	男宝宝（平均值）
2岁半	身高	92.5厘米	93.7厘米
	体重	13.24千克	13.71千克

2岁～2岁半宝宝的喂养

2岁后宝宝还需要喝配方奶吗

如果宝宝仍然像原来那样，每天都能喝一定量的配方奶，并不感到厌烦，那就给宝宝这么喝下去好了，可以一直喝到3周岁。建议每天给宝宝喝300毫升左右的配方奶或鲜奶，也可以喝125～250毫升的酸奶或吃一两片奶酪代替部分配方奶。要根据宝宝的喜好，为宝宝选择不同的奶制品。

如果宝宝只愿意喝酸奶，就是不愿喝配方奶或鲜奶，暂时先让宝宝喝酸奶也无妨，过一段时间再尝试着让宝宝喝配方奶或鲜奶。

如果宝宝只愿意吃奶酪加面包，也可以用鲜奶片代替奶酪。如果宝宝什么样的牛奶都不喜欢喝的话，建议试一试羊奶。

贴心小贴士

不要给宝宝喝太多乳制饮料，如娃哈哈、爽歪歪、太子奶等。

宝宝一天该喝多少水、牛奶、果汁

牛奶	2杯左右（约300毫升）	宝宝2岁后，就应该由全脂牛奶改成脱脂牛奶，或仅含1%脂肪的牛奶。但不能多，如每天饮用量超过3杯，就会抑制食欲
水	4杯左右（约600毫升）	记得要经常给宝宝喝水，并随身携带宝宝专用水杯。尽量挑选形状可爱的水杯，如水果形、小人儿形等，这会增加宝宝喝水的乐趣
酸奶	1杯（150毫升）	酸奶中的乳酸菌含量比较高，喝太多可能引起宝宝肠胃不适，所以喝酸奶不能像喝配方奶或牛奶那么多，每天1杯就可以了
果汁	半杯或更少（100~150毫升）	只给宝宝喝100%的纯果汁。尽管最近研究称果汁不会给宝宝带来多余的脂肪，但是喝太多会导致腹泻和腹痛，所以不要喝多，而且只在吃饭时喝果汁，否则可能损伤牙齿
蔬菜汁	100~120毫升	很多妈妈喜欢用蔬菜煮水给宝宝喝，其实蔬菜水里的营养元素要比新鲜的蔬菜汁少很多。2岁以上的宝宝每天喝100~120毫升蔬菜汁就可以。注意：蔬菜汁最好是现榨现喝

2~3岁宝宝的饭菜制作原则

一日三餐两点心。宝宝除了每日三餐之外，还应给他加1~2次点心，最好是喝点配方奶。如果晚饭吃得早，在睡前1~2个小时再喝点奶制品。

品种丰富。宝宝每天所吃食物品种在20种以上，而且同样的菜制作方法也应有所变化，同样的饭菜，一周之内，最多重复一次。如果妈妈一周内给宝宝总是吃那么几种，宝宝就会觉得厌腻。

不要太硬、太大。宝宝可以自己进餐时，仍然是在学习有效地咀嚼和吞咽，所以菜肴不要做得太硬和太大，否则宝宝会因为咀嚼困难而拒绝。

少油、少盐。摄入过多油脂会出现脂肪泻，也影响宝宝食欲。宝宝一般喜欢味道鲜美、清淡的饮食。而宝宝吃过多盐也是不利的。如果父母都比较口重，那正好借此机会减少食盐摄入。过多摄入食盐，对大人的身体健康同样不利。

学会调味。宝宝有品尝美味佳肴的能力，但妈妈给宝宝做饭多不放调料，我们大人吃起来难以下咽，宝宝也会难以下咽。给宝宝做饭菜时也需适当调味，这样宝宝才会喜欢吃。如果担心酱油、辣椒、大料等调料宝宝吃多了不好，妈妈可以使用番茄、柠檬汁、醋等做调料，给食物增添更多的味道。

贴心小贴士

这个时候宝宝有能力自己吃饭了，妈妈就不用代劳了，让宝宝自己吃饭，自己选择自己喜欢吃的食物，妈妈不要干涉他，要求他该吃什么，不该吃什么。

偶尔特意地让宝宝吃些苦味食物

苦味以其清新、爽口的味道既能刺激舌头的味蕾，激活味觉神经，也能刺激唾液腺，增进唾液分泌；还能刺激胃液和胆汁的分泌。这一系列作用结合起来，便会增进食欲、促进消化，对增强体质、提高免疫力有益。

炎热的夏天，宝宝食欲差，父母可适当让其吃些苦味食物，如莴苣、生菜、芹菜、茴香、香菜、苦瓜、萝卜叶、苔菜等。在干鲜果品中，有杏仁、桃仁、黑枣、茶叶、薄荷叶等，必定能增进宝宝食欲。

除了上面提到的苦味食物，有一些食药兼用的食材，如五味子、莲子芯等也是苦的，妈妈可以用沸水浸泡后适当给宝宝饮用。五味子适用于冬春季，莲子芯适用于夏季饮用。

根据宝宝的体重调节饮食

绝大多数宝宝在2岁半时，乳牙就已出齐（20个），咀嚼功能也加强了很多，能吃的食物花样增多。那么，宝宝每天吃多少才合适呢？不同的宝宝食量各不相同，总体来说，宝宝吃到大人普通食量的一半就已经足够了。

体重轻的宝宝，可以在食谱中多安排一些高热量的食物，配上西红柿鸡蛋汤、酸菜汤或虾皮紫菜汤等，既开胃又有营养，有利于宝宝体重的增加。

已经超重的宝宝，食谱中要减少吃高热量的食物的次数，多安排一些粥、汤面、菠菜等占体积的食物。包饺子和包馅饼时要多放蔬菜少放肉，减少脂肪的摄入量，而且要皮薄馅大，减少碳水化合物的摄入量。对吃得太多的宝宝要适当限量。

超重的宝宝要减少甜食，尽量不吃巧克力，不喝碳酸饮料，冰激凌也要少吃。食谱中，下午3点钟的小点心要减少。

贴心小贴士

无论宝宝体重过轻还是超重，食谱中的蛋白质一定要保证，包括牛奶、鸡蛋、鱼、鸡肉、豆制品等轮换提供。蔬菜、水果每日也必不可少。

2岁～2岁半宝宝的护理

宝宝总是流鼻涕有问题吗

正常人每天分泌鼻涕数百毫升，这些鼻涕都顺着鼻黏膜纤毛运动的方向，流向鼻后孔到咽部，加上蒸发和干结，一般就看不到它从鼻腔溢出了。但由于小儿的鼻腔黏膜血管较成人丰富，分泌物也较多，加上神经系统对鼻黏膜分泌及纤毛运动的调节功能尚未健全，因而会不时流些清鼻涕。还有一些小孩受遗传、体质因素的影响，从幼儿时期以至上小学阶段，均显得鼻涕比别的宝宝多，但无其他不适或特殊症状，长大后即自然减轻。在大多情况下，这些都属正常现象，无须担心。

如果宝宝的鼻孔下总挂着两行鼻涕尤其是流出黄绿色的浓鼻涕，那就是病态的表现了。由于病因的不同，鼻涕可有不同的性质：

清水样鼻涕：鼻分泌物稀薄，透明如清水。多见于鼻炎早期、感冒，对吸入的粉尘过敏，会在短时间内流大量清鼻涕。

黏液性鼻涕：分泌物较稠，成半透明状，含有多量黏蛋白。寒冷刺激、慢性鼻炎时多见。

黏脓性鼻涕：分泌物黏稠，呈黄绿色、不透明，并有臭味，多见于较重的鼻窦炎，如上颌窦炎、额窦炎等。少数鼻腔内有异物存在的小儿，也会经常流黏脓样鼻涕。

平常多让宝宝到户外活动，加强耐寒锻炼，保持居室空气清新，保证宝宝营养合理，这些都有助于预防或减少宝宝流鼻涕的发生。

教宝宝自己擤鼻涕

在日常生活中，最常见的一种错误擤鼻涕方法就是捏住两个鼻孔用力擤，因为感冒容易鼻塞，宝宝希望通过擤鼻涕让鼻子通气。这样做不卫生，容易把带有细菌的鼻涕通过咽鼓管（鼻耳之间的通道）弄到中耳腔内，引起中耳炎，使宝宝听力减退，严重时由中耳炎引起脑脓肿而危及生命。因此父母一定要纠正宝宝这种不正确的擤鼻涕方法。

教宝宝擤鼻涕

正确的擤鼻涕方法是教宝宝用手绢或卫生纸放在宝宝的鼻翼上，先用一指压住一侧鼻翼，使该侧的鼻腔阻塞，让宝宝闭上嘴，用力把鼻涕擤出，后用拇、食指从鼻孔下方的两边向中间对齐，把鼻涕擦净，两侧鼻孔交替进行。

教宝宝做过几次后，就可以让宝宝自己拿手帕或卫生纸，在妈妈的帮助下尝试着自己擤，经过多次反复的训练，宝宝不仅可以学会擤鼻涕，还能擦掉擤出的鼻涕。

用卫生纸擤鼻涕时，要多用几层纸，以免宝宝没经验，把纸弄破，搞得满手都是鼻涕，再在身上乱擦，极不卫生。

教宝宝刷牙的方法

宝宝的模仿能力很强，教宝宝刷牙，最好的方法就是亲自示范给他看。动作表情要夸张一些，一边刷一边还要表现出愉悦的神情。

妈妈可以准备一个凳子，让宝宝站在上面，这样他一边刷一边还能看到镜子里自己刷牙的样子，这个样子可能会让宝宝喜欢上刷牙。

刷牙方法：上牙从上往下刷，顺着牙缝刷；下牙从下往上刷，再仔细刷磨牙咬合面的沟隙处，以有效地预防蛀牙的发生。在宝宝学习刷牙时，父母可以让宝宝配个儿歌进行，以提高宝宝的学习兴趣。

贴心小贴士

如果宝宝在牙齿形成的过程中吞下太多含氟牙膏，可能会导致氟中毒，在牙齿上出现白色斑点或斑块。为了避免这种情况，妈妈应该选择不含氟的牙膏，并把牙膏放到宝宝够不着的地方。如果妈妈能控制让宝宝少吃糖，也可以不必给宝宝用牙膏。

让宝宝养成早晚刷牙的好习惯

妈妈可以为宝宝制作一个刷牙日程表，每刷完一次牙就在日程表上贴一个可爱的贴纸，并根据宝宝完成的情况对宝宝进行表扬和奖励，使宝宝对刷牙保持浓厚的兴趣，逐步养成早晚刷牙的好习惯。

让宝宝了解刷牙的重要性

要使宝宝养成早晚刷牙的习惯，首先要让宝宝对刷牙变得重视起来。妈妈可以借助电视中的牙膏广告所讲的护牙知识，让宝宝知道牙齿需要每天清洁，否则就会像大树长虫子一样出现蛀牙，使自己的牙变得很疼，甚至还要被拔掉。

妈妈还可以和宝宝一起看关于保护牙齿的动画片，并和宝宝讨论不刷牙造成的后果，然后再给宝宝讲早晚刷牙的道理，宝宝就会对刷牙产生重视，积极地刷牙。

每天早晚提醒宝宝要刷牙

习惯是由行为的重复形成的，要培养宝宝早晚刷牙的习惯，就得从督促宝宝每天刷牙做起。如果宝宝每次刷牙都想找借口逃避，妈妈最好找一找宝宝不喜欢刷牙的原因，消除掉那些使宝宝不喜欢刷牙的因素，让宝宝对刷牙变得积极起来：有些宝宝不愿意刷牙是因为害怕牙刷捅到牙根让自己觉得疼痛，有的是害怕把牙膏咽到肚子里，有的则是因为不喜欢牙膏的气味。只要找出了原因，消除了宝宝顾虑，宝宝就会不再抗拒刷牙，并在妈妈的督促下，养成早晚刷牙的好习惯。

2岁～2岁半宝宝的早教

语言能力训练——用游戏教宝宝认字

0~3岁是学习口说语言的关键期，也是学认汉字的关键期。如果宝宝开始对生活中的汉字产生了兴趣，妈妈就可开始教宝宝认字了。

育儿指导

游戏是宝宝学习的最佳途径。通过一些和文字有关的游戏来教宝宝认字，自然有较好的效果。

游戏一：模拟声音认字

在学习一些和声音有关的汉字的时候，教宝宝模拟一下和汉字有关的声音，能加深宝宝对汉字的印象。比如，妈妈想教宝宝认识“风”，就可以把和刮风有关的图片和字卡摆在宝宝面前，先教宝宝读一读“风”，给宝宝讲一讲“风”字所表达的意思，并教宝宝学一学刮风时风所发出的“呜—— 呜——”的声音，就能使宝宝很快记住“风”这个字。

游戏二：你知道我是谁吗？

这是一个很受宝宝们喜欢的识字游戏。游戏的主要内容是让宝宝将汉字和对应的图片配对，通过对应的实现，加深宝宝对汉字所表达的意思的理解，使宝宝学会并记住汉字。

比如，妈妈想教宝宝认识“西瓜”两个字，就可以将识字卡片“西瓜”“橘子”“香蕉”从图片和文字交接的地方剪开，嘴里问宝宝：“我长得圆圆的，外面的衣服是绿色的，里面的肚子是红色的，吃起来可甜了，你知道我是谁吗？”然后让宝宝从图片堆中找出画着西瓜的图片，贴在文字“西瓜”的下面。

社会交往能力训练——教宝宝懂礼貌

让宝宝懂礼貌，最早便是让宝宝学会与人“打招呼”。看上去一句问候语虽然很简单，但要让宝宝养成习惯并主动跟人打招呼，却很不容易。如果宝宝主动称呼别人或使用文明用语，父母要及时给予表扬，让宝宝知道，懂礼貌的宝宝人人喜爱。

育儿指导

带宝宝到亲戚朋友家做客，要教育宝宝不能大声喧哗，要和小朋友友好相处。在做客时，不要去拉人家的抽屉或翻柜子，不要到主人家的卧室特别是床上打闹。在公共场合，要守秩序，说话文明，乘公共汽车时，如果有人起来让座，要教宝宝向让座人说谢谢。如果下车时，让座者仍然站着，要打招呼请人家回来坐。

写给妈妈的贴心话

宝宝情绪反应越来越明显

宝宝情绪反应越来越明显，当父母不能满足宝宝的愿望，或有人招惹宝宝时，他开始有了反抗行为。比如，把他喜欢的东西拿走时，他可能会坐在地上哭闹；不让他动他非常想动的某种物品时，他会有强烈的反应。这个时候的宝宝可能会因为情绪而故意摔坏东西，表达自己的不满。

育儿指导

面对宝宝的这种行为，父母不要动怒，更不能抬起手打宝宝。父母应该以静制动，停下手里的工作，静静地看着宝宝，不动声色，保持中性表情。等到宝宝也静下来时，轻轻地告诉宝宝，他这么做是错的，摔东西的行为是错误的，不讨人喜欢的。

当宝宝做错事的时候，妈妈要给宝宝明确的指令和态度。含糊其词，把宝宝放在某种情绪中，唠唠叨叨，只能给宝宝传达一个信息：妈妈生气了。因为什么生气，宝宝并不十分清楚，应该怎么做，宝宝更不清楚。宝宝接受的只是父母的负面情绪，结果宝宝越来越爱发脾气，负面情绪也越来越多。

不要助长了宝宝的虚荣心

家庭教育中，不少的父母存在着不同程度的虚荣心，对宝宝的健康成长危害很大，其主要表现有：

常在别人面前吹嘘宝宝。父母过高地评价自己宝宝的发展水平，总觉得自己宝宝最聪明，甚至有些分明是宝宝的缺点，也带着欣赏的口吻加以谈论。这样做会使宝宝从小养成自高自大的心态，想当然地以为自己是最棒的，长大后也总是希望自己什么都是最好的，助长了宝宝的虚荣心。

过分强化技能早期训练。过早地让宝宝学弹琴、画画、数数、识字等，不顾宝宝的兴趣、爱好、天赋和能力，什么都要宝宝学，什么时髦学什么。这种教育上的急功近利有害于宝宝真正发展。

一味要求宝宝冒尖显眼。父母认为自己功名无望，把一切希望寄托在子女身上，总担心宝宝落后于人，特别注意宝宝的名次、分数，为了使宝宝出人头地，不惜动用各种奖惩手段，或是物质刺激，或是实行强迫学习。这些教育方式必然导致宝宝求胜心过强而难以接受挫折。

育儿指导

父母应当从素质发展的角度，从宝宝个性完整的视角对宝宝加以培养；在全面了解宝宝实际水平的基础上，提出合理要求。绝不可赶时髦，让宝宝什么都学。否则，不仅希望落空，还会害了宝宝。

记住：自然的才是最美的。只要培养宝宝拥有诚实、正直、善良、上进的人格，最要紧的是活得开心、过得愉快，作为父母都应当为宝宝而骄傲。

宝宝做什么都拖拖拉拉不要责怪

有的宝宝做事、走路、吃饭都很慢。父母应知道，宝宝拖拖拉拉不是故意的，宝宝做事动作慢，问题不在宝宝，大人以自己的心情去评估和要求宝宝是不合理的。因为：

宝宝的精细动作还没有发育好，动作不灵活，做事、穿衣、吃饭所花的时间自然需要比大人多一点。

宝宝易分心，常被周围的东西所吸引，因此动作更慢。宝宝注意力集中的时间短暂，听到大人说"快穿衣服"，可注意力很快转移到其他事情上而忘了大人的嘱咐。

宝宝做事拖拉主要是因为宝宝没有什么时间观念，对动作的快慢、用时的长短毫不在乎的缘故。要想让宝宝有所改变，需要想办法让宝宝对自己做事的快慢重视起来。

一般前两种原因引起的动作慢都比较好解决，宝宝精细动作欠缺，可以慢慢培养；宝宝容易分心，妈妈可以在宝宝做事情的时候，取走一切可以使宝宝分心的事物，以提高宝宝的做事效率。

如果宝宝是因为没有什么时间观念，才会养成做事拖拖拉拉的毛病，妈妈就要采取一些方法改掉宝宝这种坏习惯了。

育儿指导

启发宝宝竞争心理

妈妈可以帮宝宝设计一个"自己和自己比赛成绩表"，专门记录宝宝起床、穿衣服、洗脸、刷牙、吃早饭等事情所用的时间，并鼓励宝宝不断加快速度，自己和自己比赛，看哪一天做这些事情所用的时间最短。如果和前一天相比，宝宝做完这些事情所用的时间变少了，妈妈要多鼓励宝宝，并奖励宝宝小红花。

通过一天一天的比较和练习，宝宝很快就能改掉做事磨蹭的毛病，变得行动利落起来。当然，利落的前提是事情要做好。

通过游戏加以改变

妈妈可以经常和宝宝玩一些和时间有关的小游戏，使宝宝在快乐的游戏中提高动作的敏捷度，改掉做事磨蹭的坏习惯。

比如，妈妈可以和宝宝比赛给布娃娃穿衣服，看谁穿得又快又好。如果宝宝胜出了，妈妈可以亲亲宝宝，并用夸张的语言来表彰孩子的"胜利"："宝宝，你好厉害啊！妈妈真是太佩服你了。"如果妈妈赢了，妈妈就要及时鼓励宝宝："宝宝已经很不错了。和上次比起来，宝宝给娃娃穿衣服的时间缩短了1分钟呢！咱们再来，宝宝肯定能做得更好的！"

宝宝“人来疯”如何应对

妈妈请客人到家里来的时候，宝宝会特别兴奋，表现得特别淘气，有时把玩具丢得满屋子都是，或者在客人面前跑来跑去，这种情形一般被称为“人来疯”。妈妈不能强行控制宝宝的行为，而哄骗或训斥也只会让事情变得更糟。妈妈可以适当引导，让宝宝慢慢懂得待客的礼仪。

育儿指导

防止来客人时，宝宝“人来疯”，妈妈应注意以下几点：

在客人要来之前，向宝宝说明一下情况，给宝宝一定的心理准备空间。平时，妈妈可以让宝宝学习一下待客之道。

与宝宝一起接待客人，像对待大人一样对待宝宝，比如向客人介绍宝宝的同时，向宝宝介绍客人，让他感觉到自己也是主人。

安排宝宝做一些他能做的事情，主要是宝宝能力范围所及的招待工作，如递个餐巾纸，给客人拿水果之类的，不仅让宝宝有成就感，也能让他学到一些应对客人的基本礼节。

如果宝宝想展示才艺，不妨给他机会，然后和客人一起表扬他，让他觉得自己的存在不仅被感觉到而且被肯定。

如果与客人确实有重要的事情要谈，可以给宝宝安排一个任务，比如捏橡皮泥、画画等，告诉他待会儿客人会看他的作品。这样同时也可以训练宝宝的自律能力。

像平常一样坚持原则，如果宝宝趁客人来而提出过分要求，父母不要妥协。

如果宝宝哭闹，不要训斥和哄骗他，将宝宝带到没人的地方，让他静一静，然后再去见客人，效果会更好。

Part 18 2岁半~3岁宝宝

在2岁半~3岁这个幼儿晚期阶段，宝宝的身体还会继续发生经历从婴儿到儿童的明显变化，身体各部分的比例逐渐均衡，行动姿势也在发生变化，我们以往看宝宝很矮胖、幼稚、可爱，很大程度上也是因为宝宝的行动姿势很特别，尤其是鼓出的腹部和凹进的腰部，但宝宝的姿势变得更加直立，将形成更高、更瘦、更强壮的外表。

爸爸妈妈可以用牙刷给宝宝刷牙了，可以选择儿童专用的无氟牙膏和儿童牙刷（在没有学会漱口前，暂不要使用牙膏，改用淡盐水），如果宝宝还不会自己刷牙，大人可以先示范，让宝宝练习自己刷，由于宝宝太小，还不能刷得很干净，每次刷完后大人可以帮助再刷一次。

身体发育标准

身高·体重

		女宝宝（平均值）	男宝宝（平均值）
3岁	身高	94.2厘米	95.1厘米
	体重	13.44千克	13.95千克

2岁半～3岁宝宝的喂养

宝宝爱吃零食不吃饭怎么办

零食是指正餐以外的一切小吃，是宝宝喜欢吃的小食品。宝宝吃零食能增加生活的乐趣，也是生理的需要。但有的宝宝已经养成吃零食的习惯了，每天不吃饭，只想着吃零食，尤其喜欢吃一些垃圾食品，这时妈妈就必须严格控制宝宝吃零食的量。

育儿指导

首先要避免宝宝吃垃圾食品，当宝宝选择零食时，妈妈可有意识地告诉宝宝吃哪种零食更健康。如宝宝很想喝甜品时，就可以告诉宝宝，喝果汁比喝汽水好；如果宝宝想吃点心，就可让宝宝选择低热量的食物，而非热量高的蛋糕；如果到快餐店，可以告诉宝宝炸鸡的营养比薯条高，且可将皮去掉，减少脂肪的摄取等，帮助宝宝做一个聪明的消费者。

然后要想成功戒掉宝宝的零食，妈妈应该采取温和而坚定的态度，也就是，说到做到，不要严厉地凶宝宝，更不要威胁、利诱，只要坚持原则、柔声劝阻即可。举个例来说，如果宝宝晚上吵着要吃零食，妈妈这时就得拿出魄力，用坚定的态度告诉宝宝，现在要睡觉，明天早上才可以吃。就算宝宝哭闹，妈妈都不能妥协，久而久之宝宝就会知道，哭是没有用的，而乖乖顺从。妈妈和宝宝双方最好商量一个吃零食"协议"，规定每天吃零食的量、时间、种类，如果宝宝不遵循而哭闹，妈妈可以"冷处理"对待。

另外，妈妈每次购买零食的量不要太多，买回来后应放在宝宝看不见的地方。当宝宝想吃零食（不合适的时间）时，妈妈可引开宝宝的注意力，多陪宝宝玩他感兴趣的游戏，玩得高兴了自然就忘了吃这回事了。

图书在版编目(CIP)数据

聪明宝宝养育全知道 / 岳然编著. -- 北京：中国人口出版社，2013.10

ISBN 978-7-5101-2006-0

Ⅰ. ①聪… Ⅱ. ①岳… Ⅲ. ①婴幼儿－哺育－基本知识 Ⅳ. ①TS976.31

中国版本图书馆CIP数据核字（2013）第219563号

聪明宝宝养育全知道

岳然 编著

出版发行 中国人口出版社
印　　刷 沈阳美程在线印刷有限公司
开　　本 820毫米×1400毫米　1/24
印　　张 10
字　　数 300千
版　　次 2013年10月第1版
印　　次 2013年10月第1次印刷
书　　号 ISBN 978-7-5101-2006-0
定　　价 39.80元　（赠送CD）

社　　长 陶庆军
网　　址 www.rkcbs.net
电子信箱 rkcbs@126.com
总编室电话 (010) 83519392
发行部电话 (010) 83534662
传　　真 (010) 83515922
地　　址 北京市西城区广安门南街80号中加大厦
邮政编码 100054